农村民居建筑抗震实用技术

尚守平　著

中国建筑工业出版社

图书在版编目（CIP）数据

农村民居建筑抗震实用技术/尚守平著．—北京：中国建筑工业出版社，2009
ISBN 978-7-112-10829-9

Ⅰ．农… Ⅱ．尚… Ⅲ．农村住宅-抗震设计
Ⅳ．TU241.4

中国版本图书馆 CIP 数据核字(2009)第 038880 号

农村民居建筑抗震实用技术
尚守平 著
*
中国建筑工业出版社出版、发行（北京西郊百万庄）
各地新华书店、建筑书店经销
霸州市顺浩图文科技发展有限公司制版
北京市兴顺印刷厂印刷
*
开本：850×1168 毫米 1/32 印张：4⅝ 字数：133 千字
2009 年 6 月第一版 2009 年 6 月第一次印刷
印数：1—3000 册 定价：**10.00** 元
ISBN 978-7-112-10829-9
(18092)

本书对农村民居建筑抗震实用技术的材料、对混凝土结构房屋的抗震加固、对砌体房屋的抗震加固、对木结构房屋的抗震加固以及新建建筑隔震措施等方面的实用技术方法进行了描述。全书共4章，主要分为两大部分：一是地震区既有建筑加固；二是新建建筑的抗震、隔震。本书内容具有技术先进、概念明确、构造简单、工作可靠、造价低廉等一系列优点，特别适合在我国广大农村地区推广使用，可以大大提高我国农村地区房屋建筑抗震减灾能力。

本书可供工程结构设计人员、施工技术人员、施工管理人员、农村建筑工匠及广大农民朋友学习参考。

* * *

责任编辑：范业庶

责任设计：赵明霞

责任校对：刘　钰　梁珊珊

前言

我国是一个多地震的国家，70%以上地区都处于地震区。我国又是一个农业大国，70%以上的人口为农业人口。随着我国改革开放的不断深入，农村经济在国民经济中的地位日益重要，而农村地区的地震有小震大破坏的特征，且农民对地震预防及在遇到特大地震时的应急处理措施都知之甚少，从而更加剧了震害的影响。近年来，我国政府把农村地区的房屋建筑抗震防灾提到了议事日程之上，这是一件非常重要的工作。我国农村地区相对比较贫困，房屋建筑抗震加固需要相对较多的资金，这是与我国大部分农村地区经济情况不相适应的。一般来说，农村地区的房屋建筑的抗震减震需要采用廉价可靠的技术。虽然农村的房屋一般都比较低矮（1～2层），但需要抵御的地震烈度范围较广，希望从多遇地震到罕遇地震都能够有效抵抗。因此农村地区的房屋建筑抗震减震有其自身的特点和实用要求。

我带领的课题组全体成员十分努力，在汶川大地震以后，不顾暑期的炎热，放弃了中秋节和国庆节的休假，研究出了一整套适用于我国农村地区民居建筑的抗震减震技术和方法。

本书就农村民居建筑抗震实用技术的材料、对混凝土结构房屋的抗震加固、对砌体房屋的抗震加固、对木结构房屋的抗震加固以及新建建筑隔震措施等方面的实用方法进行了描述，以便广大农民群众在生产实际中参考使用。这套农村实用抗震、减震新技术具有技术先进、概念明确、构造简单、工作可靠、造价低廉等一系列优点，特别适合于我国广大农村地区房屋建筑抗震、减震、改造加固。这套先进的实用技术在我国的广大农村的推广使用，可以大大地提高我国农村地区的房屋建筑抗震减灾能力，增强农村经济在国民经济中的稳固地位，大大节约我国的抗震减灾资金。该实用技术已于2009年1月通过由湖南省建设厅组织的鉴定，鉴定结论为："该项成果整体上居国内领先水平，其中'农村民居新型隔震技术'具有国际领先水平。"

本书分为两大部分：第一部分是地震区既有建筑加固；第二部分是新建建筑的抗震、隔震。本书是针对广大农村地区提出的实用抗震加固方法。有关复合砂浆抗震加固的方法可参考我们主编的中国工程建设标准化协会的《水泥复合砂浆钢筋网加固混凝土结构技术规程》（CECS 242：2008）。当用水泥复合砂浆钢筋网加固砌体结构时，可将砌体看成低强度等级的混凝土，按照此规程进行加固即可获得很好的抗震效果。为了尽可能压缩篇幅，我们没有将水泥复合砂浆钢筋网加固混凝土结构的相关内容编入本书，有兴趣的读者直接参考《水泥复合砂浆钢筋网加固混凝土结构技术规程》（CECS 242：2008）即可。

本书的目标是经济、实用、简单、可靠。参加本项目研究的还有：刘沩、奉杰超、黄曙、罗业雄、杜运兴、岳香莹、季超群、罗致、张毛心、罗杰、刘可、姚菲、周志锦、岁小溪、石宇峰、周方圆、雷敏、熊伟、杨丹妮。

尚守平

目录

1 绪论

我国是一个农业大国，大部分地区是农村，大部分人口是农民，农村在国民经济中的地位非常重要。同时我国又是一个地震大国，大部分地区都是地震区，2008 年四川汶川大地震的震害表明，绝大部分农村民居损毁严重，因此农村的抗震减灾工作被提到重要的位置。

我国农村地区的建筑结构大多为砌体结构和木结构，而砌体结构中，空斗墙结构的使用相当广泛，但是这种结构是我国抗震规范所不提倡使用的。钢筋混凝土结构仅仅在村镇机关所在地有少量使用。为了使广大位于地震区的农村新建建筑和既有建筑有足够抵御震灾的能力，我们研制了一套实用有效的抗震减灾技术。

农村地区抗震加固的特点是要求方法简便、造价低廉。我们所提出的复合砂浆钢筋网薄层加固方法便是一种对农村既有建筑进行结构加固的理想方法；对于新建房屋我们提出了一种新型的隔震技术进行隔震减震。

用复合砂浆钢筋网薄层加固方法必须确保加固层与基层具有可靠的连接。为了实现该目的，需要两方面的保证。一方面，要保证被加固结构的表面具有必要的粗糙度。只有当被加固构件的表面粗糙度达到一定的要求时，加固层才能和被加固构件一起很好地协同工作。可是长期以来我国没有关于被加固构件表面粗糙度的规范。本书给出了表面粗糙度的测量方法和定义表面粗糙度的定量描述方法。另一方面，要保证加固层与被加固构件能够很好地协同工作。因此，抗剪销钉的设置也非常必要。本书给出了抗剪销钉的植入深度和植筋间距的研究成果。

对于新建的民居建筑（主要为1～2 层的砌体结构），我们建议用一种新型基础隔震技术对上部结构进行水平方向减震。采用竖向钢筋进行水平隔震，所以这种隔震层的构造简单、价格低廉、施工简便。

1.1 汶川地震中农村民居建筑震害简述

1.1.1 汶川地震中农村民居建筑震害情况

北京时间 2008 年 5 月 12 日 14 时 28 分，四川汶川县（北纬 31°，东经 103.4°）发生里氏 8.0 级地震。震源深度约 10km，位于成都西北 80km。涉及四川、甘肃、陕西、重庆等 10 个省市。四川省的 21 个市（州）有 19 个不同程度受灾。重灾区涉及 6 个市州、88 个县市区、1204 个乡镇、2792 万人。

据统计，截至 2008 年 7 月 11 日 12 时，四川汶川地震已造成 69197 人遇难，18341 人失踪，374176 人受伤，大量道路、桥梁被毁，2300 多万间房屋损坏，650 多万间房屋倒塌。

汶川地震的震害特点是：

(1) 砖木结构：坡屋面山墙底部均出现水平裂缝，由此造成整个房屋无法使用的就占 50%以上。

(2) 砖混结构：农村民居房屋均未设置圈梁、构造柱；楼梯间开裂，楼板与墙体连接处震松、开裂，严重者板被震落；横墙多为典型的 X 形交叉裂缝。

(3) 大部分房屋楼梯间墙体震害均较其他部位大。

(4) 房屋建造年代越早，损害越严重。2000 年以前建造的房屋基本上严重损伤，需拆除重建。少数 2000 年后建造的房屋能在简单维修处理后继续使用。

(5) 农村房屋损害重，城镇房屋损害较轻。

(6) 规范规定的抗震措施能有效地减小地震破坏。相同条件下，设有圈梁的房屋比未设圈梁的损伤小。

(7) 施工质量的好坏能明显地影响结构损伤程度。

图 1-1-1～图 1-1-7 是此次汶川地震中相关的震害照片。

图 1-1-1　震后的理县桃坪羌寨房屋

图 1-1-2　民房倾斜

图 1-1-3　山体滑坡

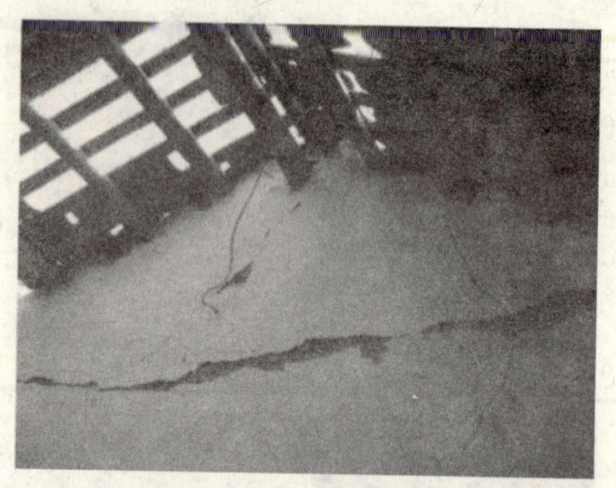

图 1-1-4　坡屋面底部水平裂缝

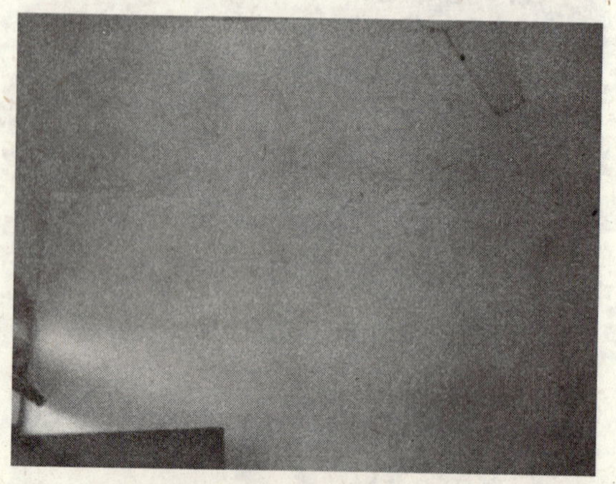

图 1-1-5　楼板与墙体顶部连接处开裂、震松，出现水平裂缝

在地震中损伤但没有倒塌的结构多为砌体结构和混凝土结构，用复合砂浆钢筋网薄层对其进行抗震加固，具有极好的效果。复合砂浆钢筋网是一种廉价的无机材料，具有强度高、收缩小、无污染、耐久性好等一系列优点，而且造价极其低廉，无需专业的施工队伍即可施工，特别适合于广大农村地区民居的抗震加固。我国砌体结构规范中不提倡采用的空斗墙结构而在广大农村地震区却广泛采用，地震中倒塌并砸伤人员的大部分都是空斗

图 1-1-6　横墙多为典型的 X 形交叉裂缝，导致墙体破坏

图 1-1-7　典型的农村震后穿斗拱木结构民居

墙结构房屋，因此，这几个问题是抗震加固工程中亟待解决的关键问题。虽然以往有大量的工程实践证明用钢筋网砂浆加固砌体结构有很好的效果，因而采用复合砂浆钢筋网加固空斗墙砌体结构应该有更好的效果，但是没有很多的工程实例和试验数据来证明这一点，因此，汶川地震以后我们把空斗墙的抗震加固（用复合砂浆钢筋网薄层加固方法）提到试验研究的重点方面来。

1.1.2 木结构建筑在地震中的表现

我国农村地区大量存在各种木结构建筑，其中穿斗拱式木结构在农村住宅中被大量采用。它采用的是横梁竖柱结构，用不同高度的竖柱形成坡屋面，屋面上覆盖有小青瓦。在立柱之间装有木壁板，壁板有嵌入也有采用圆钉钉上去的。壁板多为竖向垂直于地面方向。

这种木结构具有很好的变形性能，在地震中能够承受高烈度的地震作用而不倒塌，具有很好的吸能、耗能和变形性质。

震害调查表明，当地震烈度小于9度（多遇地震）时，这种木结构虽然变形很大，摇晃剧烈，但当地震结束以后仍然可以基本恢复原状，不至于倒塌。当地震烈度不小于9度时，这种木结构水平方向变形很大，摇晃剧烈，填充墙大部分倒塌，柱间木板被拉断，少数高烈度地区的木结构房屋的横梁木榫被摇出，房屋倒塌。但是一般情况下（如汶川地震），木结构在震后依然屹立，没有倒塌。

木结构的延性和抗震性能都较好，一般中小烈度区都无需加固；即使在高烈度区，也仅需将其柱间壁板45°斜钉即可。大部分木结构房屋在地震中都不会倒塌（只是屋面瓦多数被掀下），农村木结构一般都无需进行抗震加固，因此，我们只研究了木结构的抗震性能，未把木结构的抗震加固作为主要问题来研究。

1.2 实用基础隔震技术

1.2.1 基础隔震技术的提出

基础隔震概念最早是由日本学者河合浩藏于1881年提出的，基本步骤为先在地基上纵横交错放置几层圆木，圆木上做混凝土基础，再在混凝土基础上盖房，以削弱地震传递的能量。

1909年，美国的J. A. 卡兰特伦茨提出了另外一种隔震方案，即在基础与上部建筑物之间铺一层滑石或云母，这样地震时建筑物会发生滑动，以达到隔离地震的目的。

1921年，美国工程师F.L. 莱特在设计日本东京帝国饭店时，有意用密集的短桩穿过表层硬土，直接插到软泥土层底部，利用软泥土层作为隔震层。1923年关东大地震发生，附近同类建筑毁坏严重，但这个建筑却保持完好。

1924年，日本的鬼头健三郎提出了在建筑物的柱脚与基础之间插入轴承的隔震方案。

1927年，日本的中村太郎论述了加装阻尼器吸能装置，在隔震理论方面进行了有益的探索。

在这一阶段，虽然有了清晰的隔震概念和一定的隔震理论基础，但限于当时的水平与条件，基础隔震技术的应用未被很好地研究与开发。

1.2.2 基础隔震技术的现代阶段

随着地震工程理论的逐步建立以及实际地震对结构工程的进一步考验，特别是近二三十年来，由于采用大量的强震记录仪对地震进行观测，人们较快地积累了有关隔震及非隔震结构工作性能的定量化经验，从而对早期提出的一些隔震方法进行了淘汰与升华。其中叠层橡胶垫基础隔震体系被认为是隔震技术迈向实用化最卓有成效的体系。

1984年新西兰建造了世界上第一幢以铅芯叠层橡胶垫作为隔震元件的4层建筑物。1985年美国建成第一座4层的叠层橡胶垫隔震大楼——加州·圣丁司法事务中心。1986年日本又建成一幢5层高技术中心楼，采用铅芯橡胶垫。目前，世界上大约有30多个国家在开展这方面的研究，这项技术已被应用在桥梁、建筑，甚至是核设施上。截至目前，世界上大约已建成了3100多幢基础隔震建筑，其中80%以上采用的是叠层橡胶垫隔震系统。

20世纪80年代以来，基础隔震研究开始在我国得到重视，国内不少学者对国际上流行的基础隔震体系进行了研究，取得了较大的进展。现在，我国已建造了2000余幢各类基础隔震体系的建筑物，有叠层橡胶垫隔震体系、砂垫层滑移摩擦体系、石墨砂浆滑移体系、悬挂隔震结构体系等，其中绝大多数采用的是粘结型叠层橡胶垫隔震体系。现代隔震技术经历了30年的历程，得到了广泛的应用。

1.3 农村房屋结构的抗震加固体系和构造措施

地震区的农村房屋的抗震加固体系分为既有房屋和新建房屋两大类，如图1-3-1所示。对于农村既有房屋，主要采用性能好、造价低廉的高性能水泥复合砂浆钢筋网薄层（HPFL）加固。对于农村新建房屋，主要采用一种隔震新技术，在房屋的基础顶面设置一种新型的钢筋-沥青隔震层，这种隔震层适用范围很广，从小震到大震都能抵御，造价又很低廉，是一种在农村地区可以广泛使用，农民可以用得起的性能可靠、造价低廉、构造简单的新型隔震层。

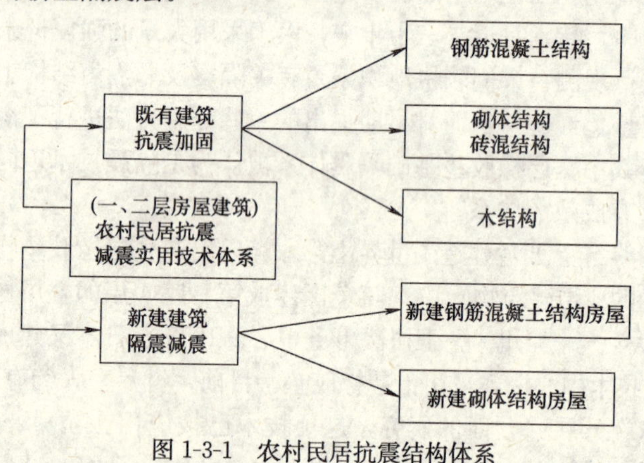

图1-3-1 农村民居抗震结构体系

1.3.1 农村既有房屋

农村既有房屋分为地震中有限损坏的和未遭受地震损坏的房

屋，它们都是可以继续使用或经过一般维修、加固可以继续使用的房屋。

农村既有房屋建筑加固分为三大部分：

1）地震区既有钢筋混凝土结构房屋；

2）地震区既有砌体结构房屋；

3）地震区既有木结构房屋。

（1）高性能水泥复合砂浆钢筋网薄层（HPFL）加固地震区既有钢筋混凝土结构房屋

对于地震区既有钢筋混凝土结构，可以采用性能好、造价低廉的高性能水泥复合砂浆钢筋网薄层（HPFL）加固。高性能水泥复合砂浆钢筋网薄层（HPFL）是一种新型的加固材料，具有强度高、收缩小、与被加固构件粘结性能好、造价低廉、施工简易等一系列优点。由住房和城乡建设部工程建设标准化协会批准的《水泥复合砂浆钢筋网加固混凝土结构技术规程》（CECS 242：2008）已出版，现已广泛地应用于混凝土构件的加固改造，有关这方面的信息和材料可直接参考上述规程。

（2）地震区既有砌体结构加固

对村镇地区的既有砌体建筑，或在地震区既有带有裂缝的砌体结构建筑，可采用高性能水泥复合砂浆钢筋网薄层（HPFL）条带法进行抗震加固，如图 1-3-2 所示。

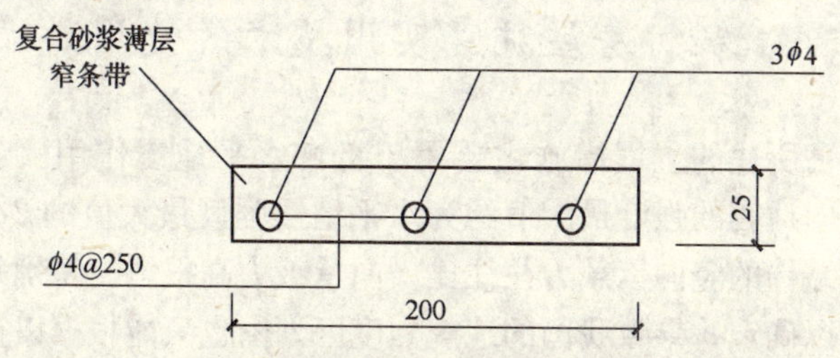

图 1-3-2 高性能水泥复合砂浆薄层（HPFL）窄条带

用 HPFL 与砖砌体一起形成的钢筋砖圈梁、构造柱可以显著地提高砖砌体的延性以及抗震抗倒塌能力，大量的试验研究已证明，高性能复合砂浆与砖砌体的粘结性能要大大好于与混凝土的粘结性能。加之复合砂浆比较便宜，采用复合砂浆薄层条带加固造价很低、性能可靠、耐久性好。

(3) 地震区既有木结构加固

从历次震害调查中发现，木结构的延性比较好，特别是农村典型的穿斗拱式木结构房屋，即便是在高烈度的情况下，虽然结构的变形比较大，但很少发现倒塌的木结构。有些木结构房屋虽然围护结构倒了，作为主体结构的木梁、木柱依然屹立完好。因此，设防烈度 8 度及 8 度以下的木结构房屋，基本不需要进行抗震加固处理。设防烈度 9 度及 9 度以上的木结构房屋，只要将其作为围护结构的壁板 45°斜向钉于木柱木梁即可大大减小其位移。

1.3.2 农村新建房屋

农村新建房屋为地震中损毁倒塌后需要在原地重建的房屋和一般的地震区新建房屋。对于这类（主要指 1～2 层的砌体结构房屋和钢筋混凝土结构房屋）建筑采用一种隔震新技术，在房屋的基础顶面设置一种新型的钢筋-沥青隔震层。对于设防烈度为 7 度及 7 度以上地区的新建房屋采用上述隔震层，并对上部结构采用复合砂浆钢筋网薄层窄条带设置圈梁、构造柱和剪刀撑，则可以有效抵御地震灾害。

1.4 农村房屋抗震实用技术的使用效果

本书所述的抗震措施主要用于抵御水平地震作用。众所周知，竖向地震的强度最大值约为水平地震强度最大值的 2/3，而且建筑结构的竖向承载力往往比横向承载力高很多。特别是震中位置难以确定，导致我国的地震烈度区划图也只能根据以往（50 年）地震震中记录按烈度衰减规律来绘制。震中的竖向地面运动加速度是比较大的（一般与水平向加速度差不多），但震中区域一般不太大（20km 左右），故本书所述抗震减震措施主要针对水平地震作用而言。

2 被加固构件表面粗糙度及植筋技术

2.1 被加固构件表面粗糙度处理及评定方法

在结构的加固改造过程中，保证原构件与加固层共同工作是加固的首要问题，被加固构件表面粗糙度是影响结构粘结加固效果的重要因素之一，粗糙度的定量描述对被加固结构界面粘结强度具有极其重要的意义。

常用的混凝土表面粗糙度处理方法主要有：①高压水射法，它是采用高压水枪对新老混凝土粘结面进行冲毛粗糙处理。此方法的优点是机械化施工水平高，施工速度快，对老混凝土的扰动小，处理凹凸均匀性好，但工程费用大；②人工凿毛法，该方法是用铁锤和凿，借人力对老混凝土粘结面进行敲打，使其表面形成随机的凹凸不平状。该方法优点是施工技术简单，工程造价低，缺点是不便于大面积机械化施工，且对粘结面产生扰动，产生附加微裂缝。

此外，还有喷砂（丸）法、喷蒸汽法、钢丝刷毛法等，但是这些方法或具有危险性，或施工不便，因而没有得以推广应用。

常用的粗糙度评定方法主要包括灌砂法[17]、硅粉堆落法[18]、触针法和分数维法等。灌砂法是目前试验中广泛采用的较为简单的方法，其测量方法是：用四片塑料板将被处理面围起来，使塑料板的最高平面和处理面的最高点平齐，在表面上灌入标准砂且与塑料板顶面抹平，然后测得灌入的标准砂的体积，则平均灌砂深度可用砂的体积除以处理面的面积来表示。灌砂法操作虽然简单，但测试面除水平向上的以外，倾斜、竖直和水平向下的面都不能使用。因此，该法不宜在工程中推广应用。欧洲标准建议的硅粉堆落法对所用材料要求严格，其不足之处与灌砂法相同，只适合水平向上的面，也很难在工程实践中应用。日本学者足立一郎建议的触针法需要沿某方向测出若干条凹凸曲线，并需要基准线，操作复杂，速度缓慢，不适合实际工程现场测量。分数维法可以保证测量的精确性，但采集数据过程较慢，操作复杂，也不适合在工程中应用。

用复合砂浆钢筋网薄层加固方法对农村既有建筑结构进行加固的关键是被加固结构的表面粗糙度。只有当被加固构件的表面粗糙度达到一定的要求时，加固层才能和被加固构件一起很好地协同工作，因此不论在试验研究还是实际工程中，构件表面粗糙度的处理及其定量描述对界面粘结研究都有非常重要的意义。

2.1.1 被加固构件表面粗糙度处理

采用由长沙磊鑫土木技术工程有限公司研制开发的多齿头凿毛机（图 2-1-1）进行机器凿毛。该凿毛机依靠缓慢旋转的转盘和竖向冲击振动的多个凿毛头对被加固构件表面进行打磨，清除被加固结构表面的抹灰层，清理剥落、疏松、蜂窝、腐蚀等劣化混凝土或砌体，露出原结构层，从而形成凹凸不平的粘结面。

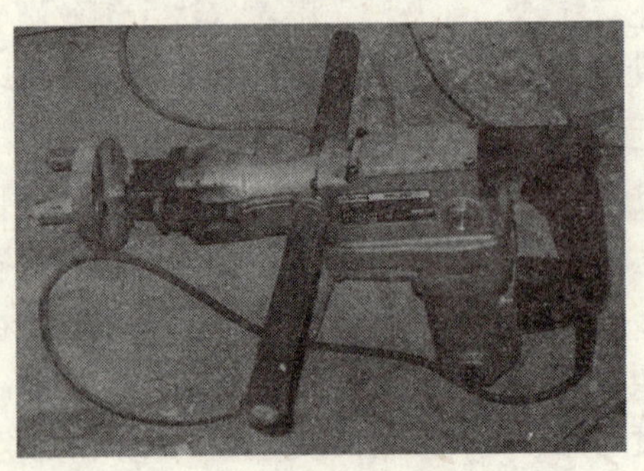

图 2-1-1　多齿头凿毛机

为获得均匀凹凸程度的粘结面，可在被加固构件表面来回均匀凿毛，并限定凿毛最大深度不超过 δ（可取 10mm）。凿毛时仅需握住手柄，控制好力度，可对构件侧面、立面、底面进行全方位打磨。

该方法方便、高效，施工技术简单，施工速度快，对被加固构件扰动小，带来的损伤小，处理凹凸均匀性好。可根据需要，凿出多个粗糙度级别的被加固构件粘结面，以满足工程实际需要。

2.1.2 被加固构件表面粗糙度评定方法

前述中提到各粗糙度评定方法共同的不足点就是不适宜直接在工程中使用，为此本书在灌砂法的基础上提出了一种简单易行的粗糙度评定方法——抹砂法。该方法可方便、快捷地测试倾斜、竖直和水平向下的面，可在工程实践中推广应用。

（1）评定原理

利用标准石英砂掺水时易粘结，干燥后，不扰动不脱落的特性，对凿毛面进行抹砂，测定平均抹砂深度。

（2）工具及材料

工具：250mL 量筒、漏斗、50mm×100mm 抹砂刀（图 2-1-2）、猪鬃木柄刷（图 2-1-3）、200mm×200mm 方形开洞不锈钢板（图 2-1-4）。

图 2-1-2 50mm×100mm 抹砂刀

材料：石英砂，粒径范围为 40±3μm；自来水。

（3）测量工艺流程

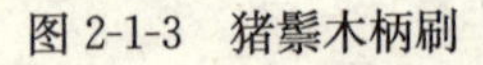
图 2-1-3　猪鬃木柄刷

图 2-1-4　200mm×200mm 方形开洞不锈钢板

1）将被加固构件表面凿毛后，使用高压水冲洗施工面，冲去附于粗骨料上的砂浆、杂物等。

2）待被加固结构表面干燥后，对凿毛面进行抹砂。配制砂水比为：标准石英砂质量：水质量＝1：0.25 的湿砂，搅拌均匀，用 50mm×100mm 抹砂刀均匀地将湿砂涂抹于凿毛表面。为使砂能恰好地填充于混凝土结构凹面，而不盈余，最后用抹砂刀在其表面来回连续平刮 5 次，每次落砂量以不超过 0.05mL 为准，抹砂后应避免结构有较大的振动，以防所抹细砂被抖落，影响测量结果。

3）待被加固结构表面所抹的砂干燥后，可对其表面进行刷砂处理。采用 200mm×200mm 方形开洞不锈钢板封住被加固结构表面，用猪鬃木柄刷在该方形开洞区域，轻轻地将砂刷下，且确保区域内所有的砂都被刷下。安不锈钢板时，应该先确定位置，迅速而平稳地贴于被加固构件表面，不得上下左右错动，以免造成误差。

4）将被加固结构界面 200mm×200mm 方形区域内刷下的砂全部倒入量筒中，测量其体积，精确至 1mL。同一区域重复以上操作程序 3 次，记录测量结果，取其平均值。对于梁、柱构件，为减少误差，可布置多个测区，以 1m 布置一个测区为宜，计算时取所有测区的平均值。

2.1.3 粗糙度评定公式

定义：以平均抹砂深度与表面凿毛最大深度限值δ的比为被加固结构表面的粗糙度。

(1) 抹砂平均深度

$$h=\frac{V}{S} \tag{2-1-1}$$

式中 h——所抹标准砂平均深度（mm）；

V——边长为200mm×200mm区域内抹入的标准砂体积（mm^3）；

S——方形区域面积，此处为40000mm^2。

(2) 粗糙度

$$n=\frac{h}{\delta} \tag{2-1-2}$$

式中 n——界面粗糙度，为0~1的无量纲数；

h——所抹标准砂平均深度（mm）；

δ——凿毛最大深度限值，此处为10mm。

2.1.4 被加固构件表面粗糙度等级划分

目前为止国内外还没有相应的规范或规程对被加固构件表面的粗糙度等级划分作出明确的规定。为了将粗糙度影响定量地考虑到加固构件的计算中，以使之更符合实际受力状况，指导工程实践，提出粗糙度等级划分标准。

对被加固结构表面凿毛程度划分为三个粗糙度等级，依据所得粗糙度n值，划分等级标准如下：

Ⅰ级粗糙度：$n<0.1$；

Ⅱ级粗糙度：$0.1\leqslant n\leqslant 0.2$；

Ⅲ级粗糙度：$n>0.2$。

根据试验结果可知，Ⅱ级和Ⅲ级粗糙度可以很好地提高界面粘结强度；Ⅰ级粗糙度加固试件均出现了不同程度的剥离现象。在工程实践中，根据要求应保证界面粗糙度达到Ⅱ级或者Ⅲ级。

2.1.5 技术小结

（1）多齿头凿毛机处理混凝土或砌体表面，具有方便、快捷的特点，能根据需要凿出不同级别粗糙度的粘结面且均匀性好。

（2）抹砂法，所需仪器简单，操作方便，能较精确地反映出水平、竖直、倾斜构件表面的粗糙程度。

（3）粗糙度的等级评定，可为实际工程中被加固构件表面的凿毛质量提供参考和控制标准。

大量的试验研究和实际工程应用，证明混凝土中的抗剪销钉能显著提高被加固构件与加固层之间的粘结性能，使得加固层与被加固构件很好地共同工作。工程实际中，常用短钢筋植入被加固构件来增强被加固构件与加固层（例如 HPFL）的粘结性能。

2.2 抗剪销钉植筋深度和植筋间距

2.2.1 抗剪销钉植筋深度分析

目前植筋技术在建筑结构加固工程中得到了广泛的应用，为了保证加固层与被加固构件很好地协同工作，抗剪销钉也尤为重要。

近些年来植筋技术在结构加固修复工程中得到广泛应用，许多学者对此展开了一系列的研究和分析，获得了许多有用的成果[19]。在高性能水泥复合砂浆钢筋网加固混凝土结构技术[20]~[24]中，植筋技术就得到了很好的应用，而且复合砂浆加固砖砌体结构也可以取得很好的效果。植筋即在已有结构或构件上，根据工程需要钢筋直径给以适当的钻孔和深度，利用适当的锚固材料（植筋胶）使新增设的钢筋与已有结构构件牢固锚结，并使新增设的钢筋能发挥所期望的作用。

植筋是在原有结构上进行的，也是二次受力问题，植筋存在着钢筋—植筋胶和基体结构双重界面[25]，因此，对植筋胶材料及其施工工艺等的要求比较严格。植筋胶材料性能的优劣直接决定着植筋效果的好坏。植筋胶就其化学成分来说，可分为有机植筋胶和无机植筋胶。据市场统计，有机植筋胶相对价格高，毒性大，施工工艺复杂而且耐火耐高温性能比较差；无机植筋胶相对价格低，施工工艺简单，耐火性能较好，耐老化，可湿作业施工，与有机植筋胶相比有很大优势，市场前景较好。因此，对无机植筋胶的开发和研究具有重要意义。

(1) 无机植筋的特点

无机植筋有很多优点[26]：

1) 无机植筋胶主要的原料一般是高细度水泥和硅酸盐等无机材料，弹性模量和原混凝土相近，故和原混凝土工作协调性较好，在温度和受力的变化下，胶体和混凝土不易发生脱离。

2) 无机植筋胶耐热性能相对较好。

3) 无机植筋胶主要原料大都为水泥和硅酸盐，再加上各种外加剂，无毒、无味。

4) 无机植筋施工方便简单、价格比较低。

5) 无机植筋胶可湿作业施工。无机植筋胶在潮湿环境下可以正常固化，结构加固常常要碰到湿作业施工，如基础加固、基础梁柱加固、地下室结构加固等等。

(2) 理论分析

植筋最小深度可以由粘结破坏和基体锥形破坏的破坏强度与钢筋抗拉强度相等的两个极限状态条件来确定。

1) 植筋胶与钢筋或基体粘结破坏。这种破坏形态与植筋胶质量、植筋深度、基体强度、钢筋强度、钢筋直径等都有关。植筋破坏面的粘结强度计算公式为：

$$\bar{\tau}=\frac{F_{\mathrm{u}}}{\pi d l_{\mathrm{d}}} \tag{2-2-1}$$

式中 $\bar{\tau}$——植筋破坏面的平均粘结强度；

F_u——粘结破坏时的极限拉力值；

d——植入钢筋的直径；

l_d——钢筋的最小植入深度。

粘结强度和植入钢筋的极限抗拉强度相等作为极限状态，可得植筋最小深度为：

$$l_d = \frac{F_u}{\pi d \tau} = \frac{f_y A_s}{\pi d \tau} \tag{2-2-2}$$

2）基体锥形破坏。在植筋深度不大于最小植筋深度时，植筋在拉应力作用下，植筋胶与钢筋的粘结完好、钢筋强度未达到或刚刚达到屈服阶段未超过极限拉应力，基体超过其极限拉应力，此时就容易发生基体锥形的破坏。

锥体破坏面是由拉拔力在基体中产生的主拉应力形成的，基体锥形破坏的极限拉拔力应等于锥形面积上拉力之和（锥体角以 45°计），计算简图如图 2-2-1 所示。基体锥形破坏强度和植入钢筋的极限抗拉强度相等作为极限状态，即钢筋屈服和锥形破坏同时发生，则有：

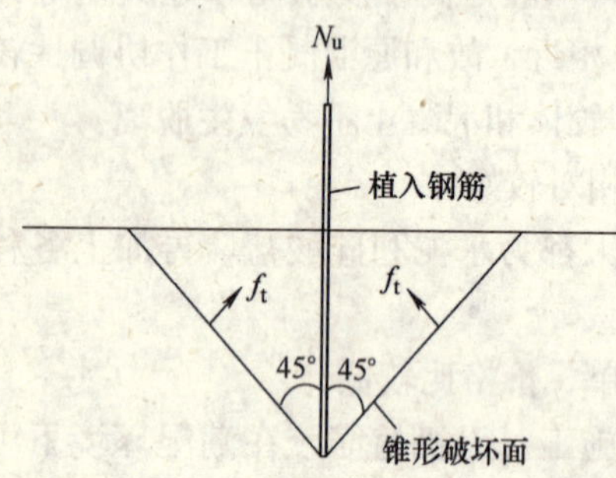

图 2-2-1　植筋锚固端破坏计算简图

$$N_u = \pi l_d^2 f_t \cos 45° = f_y A_s \tag{2-2-3}$$

由式（2-2-3）可解得最小植筋深度为

$$l_d = \sqrt{\frac{0.45 f_y A_s}{f_t}} \tag{2-2-4}$$

式中　N_u——锥体破坏时的极限拉力值；

f_y——植入钢筋的强度；

A_s——植入钢筋的截面积；

f_t——植入处基材的抗拉强度。

（3）算例分析

某10层框架结构办公楼的加固工程，采用高性能复合砂浆钢筋网进行加固，在底层柱底（混凝土强度等级C30）需植入抗剪销钉，抗剪销钉采用HRB400级直径为8mm的钢筋，植筋胶采用本书试验所采用的无机植筋胶，为保证不出现胶体粘结破坏和混凝土基体破坏，采用式（2-2-2）、式（2-2-4）确定钢筋的最小植入深度：

$$l_{d1}=\frac{f_y A_s}{\pi d \tau}=\frac{360\times\pi\times4^2}{\pi\times8\times12.29}=58.58\text{mm}$$

$$l_{d2}=\sqrt{\frac{0.45 f_y A_s}{f_t}}=\sqrt{\frac{0.45\times360\times\pi\times4^2}{1.43}}=75.46\text{mm}$$

所以可得植筋最小植入深度：

$$l_{dmin}=\max[l_{d1}, l_{d2}]=75.46\text{mm}$$

取整可以考虑取植入深度为80mm。即当植筋深度大于80mm时，可以保证不出现胶体粘结破坏和混凝土基体破坏。

（4）无机植筋施工工艺

混凝土和砖砌体上的无机植筋的施工工艺流程大体相同，但混凝土和砖砌体基材的不同性质又决定了它们具有一些不同的施工要点和注意事项。

1）植筋定位。按设计图要求在施工面划定钻孔锚固的准确位置。在混凝土构件上植筋，必要时用钢筋探测仪对内部钢筋进行探测，以尽量准确了解原钢筋与钻孔的位置关系，保证一次钻孔成功；在砖砌体上植筋，由于受到砖块尺寸的限制，植筋的位置宜尽量选取砖面的形心位置附近，以保证两侧有足够的保护层厚度，而且钻孔宜尽量选择在丁砖上（横向240mm墙厚砌）。

2）钻孔。根据钢筋的直径，选定孔径和孔深，钻孔定位要准确垂直，防止钢筋移位、倾斜。在混凝土构件上植筋，钻孔时应避开原构件钢筋，尽量避免对原结构造成破坏。

3）清孔。用毛刷将孔壁清刷干净，然后用压缩空气将孔内灰尘吹出，如此反复清孔3～4次，目的就是清除浮尘和增大胶粘剂与基体孔壁的摩擦力。

4）湿水。对于砖砌体上的无机植筋，由于砖砌块吸湿性强，为防止胶注入后胶体水分被砖体吸走而迅速干硬，进而导致钢筋无法插入，注胶前，应用喷枪对钻孔的那皮砖及与其相邻的一皮砖范围内的砖体，用600mL水进行湿水处理，3min后即可进行注胶。由于混凝土的吸湿性较砖砌体要弱，对于混凝土上的无机植筋则可用少量水（约100mL）进行湿水处理。

5）注胶。传统的植筋枪出口的直径都较小，只有1mm，如图2-2-2所示。

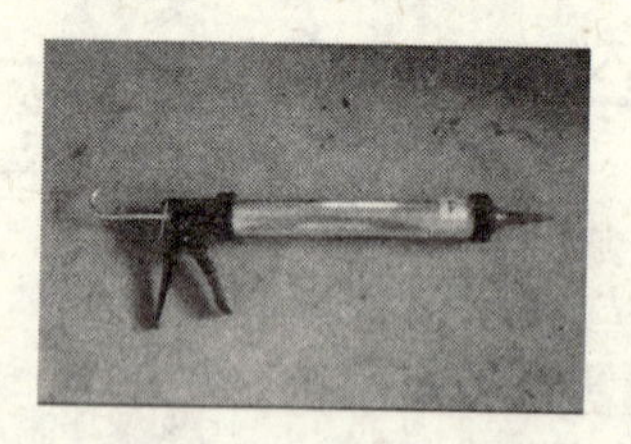

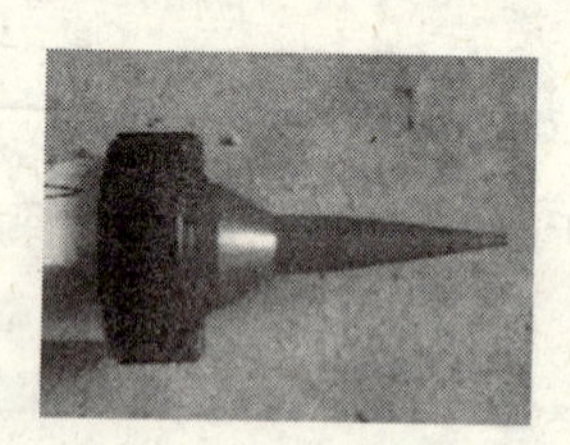

图2-2-2　植筋枪

水泥基无机植筋胶中往往含有一些细骨料，为了防止其中的细骨料堵塞植筋枪出口，要对植筋枪进行改造。将植筋枪的塑料端口沿45°方向切除，形成图2-2-3所示的楔形出口，再将一根直径为6mm，长为130mm的橡胶软管套在楔形出口上，如图2-2-4所示。采用橡胶软管是为了保证在注胶时能从孔底开始注胶。

图2-2-3　植筋枪端口

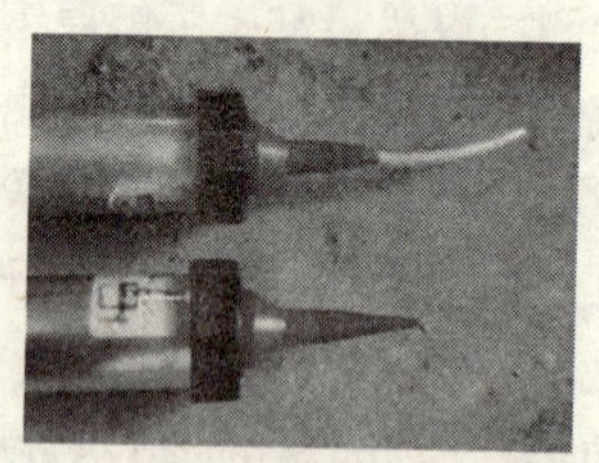

图2-2-4　植筋枪改造前后对比

植筋胶按要求的配合比进行拌合，要求搅拌均匀，采用改造后的植筋枪注胶，注射软管应伸入孔底，边注胶边提拉，一般为孔深的2/3，胶粘剂灌注在孔内端且不能注满，其注胶量应以插入钢筋后有少量溢出为准。

6）插筋。事先将植筋的插入部分用钢刷刷净，在孔内灌入结构胶后及时插入已处理好的钢筋，插入钢筋时要注意向一个方向旋转，且要边旋转边插入以使胶体与钢筋充分粘结，且上下动作要防止气泡发生。

7）调整。将钢筋插进孔内，若需调整位置，应在 10min（砖砌体植筋时为 1min）内调整完毕，但不允许向外拉。

8）保护。调整好的钢筋应在 12h 内不允许拔动，否则将影响其锚固强度，加固 48h 后方可进行后面的其他工序。

（5）技术小结

1）无机植筋胶弹性模量和混凝土相近，具有耐火、耐热、无毒、无味、价格低廉、施工工艺简单等优点，适宜于在潮湿有水分的基体（如基础、地下室）上植筋。

2）无机植筋的破坏形态有钢筋的拔断、钢筋的拔出、锥形体破坏和复合破坏等。无机植筋胶在有足够锚固深度的情况下，它的力学性能是满足要求的。

3）工程实际中，可以用式（2-2-2）、式（2-2-4）来确定无机植筋的最小植入深度，该深度可以保证不出现胶体粘结破坏和基体锥形破坏。

4）相同直径的钢筋、同样的埋深，砖砌体上植筋的抗拔力远低于混凝土上植筋的抗拔力，嫩火砖上植筋的抗拔力低于老火砖上的抗拔力，说明基材的强度和整体性对植筋的效果有很大影响。此外，砖砌体上植筋时，砌筑砂浆的强度对植筋效果也有影响，砂浆强度越低，植筋拉拔时越容易发生破坏。

5）传统的植筋枪用于无机植筋时，有一些难以解决的问题，如无法从孔底开始注胶，无机植筋胶的细骨料容易堵塞植筋枪出口等，需要对植筋枪进行改造方可适用于无机植筋。

6）砖砌体无机植筋时，砖体自身的结构特征使其具有较强的吸湿性能，为防止注胶后胶体水分被砖体吸走而使胶体快速干硬，进而导致钢筋无法插入，注胶前，应对钻孔的那皮砖及与其相邻的一皮砖范围内的砖体进行湿水处理。

2.2.2 植筋间距分析

目前对现有结构的加固改造方法很多，植筋技术在加固工程中得到广泛的应用，许多学者对此展开了一系列的研究和分析，取得许多有用的成果[19]，有些还在工程实践中得到了应用。但是，实际工程中往往有无法满足规范对于植筋间距要求的情况存在，因此能否通过变化植筋深度来达到要求是本节研究的重点。在高性能水泥复合砂浆钢筋网加固混凝土结构的技术[20~24]中，一般宜采用的是小直径的钢筋。所以，本节针对 6mm、8mm、10mm 的小直径钢筋在不同强度等级混凝土（C20、C25、C30、C35）以及不同埋深（5d、10d、15d）（d 是钢筋直径）情况下的拉拔受力进行有限元模拟分析，对其破坏范围、应力分布进行对比，得到相应数据，供工程技术人员进行植筋设计时参考。

(1) 植筋锚固系统分析

1）系统粘结锚固原理分析

植筋锚固的工作原理是材料粘合。它是通过植筋胶将荷载传递给锚固基础的。到目前为止，有关粘结应力的分析模式大致有以下几种[27]：①有限差分模式；②沿钢筋埋置深度的分布函数模式；③微观传力机构模式；④摩阻分析模式；⑤经验表达式。

2）植筋锚固系统的基本破坏模式

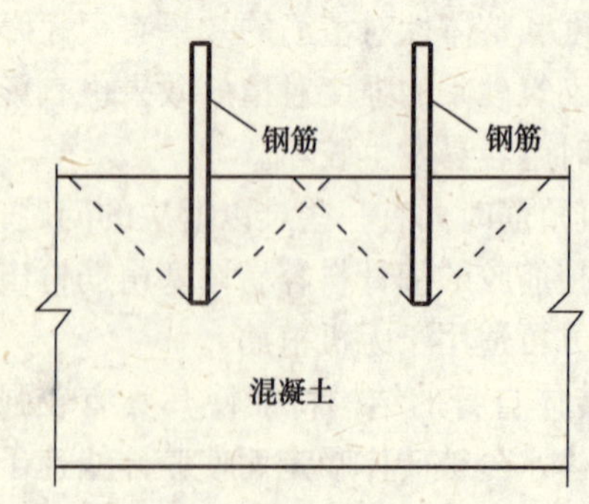

图 2-2-5 植筋混凝土锥体破坏形式

在混凝土构件中，植筋的破坏模式有以下几种情况[28]：①植筋胶与钢筋的粘合界面达到极限强度而破坏，即钢筋本身被拔出；②植筋胶与混凝土的粘合界面达到极限强度而破坏，即钢筋连带植筋胶一并被拔出；③钢筋本身达到设计强度而破坏，即钢筋被拔断；④混凝土本身达到极限强度而破坏，(图 2-2-5 所示的混凝土锥体边缘的竖向拉应力达到混凝土极限抗拉强度的 1.2 倍，发生脱落或者产生裂缝)，即混凝土锥体破坏；⑤复合破坏（锥体破坏＋钢筋拔出）；⑥复合破坏（锥体破坏＋钢筋拉断）。

本节着重讨论植筋间距，在假定第①、②、③、⑤、⑥种破坏不产生的前提下，着重讨论第④种破坏——混凝土的锥体破坏，从分析的应力分布图以及裂缝图中，得到我们要的结果。

（2）植筋锚固系统有限元分析

从整个植筋锚固系统看，只存在 2 种不同的材料：混凝土、钢筋。为了能够较好地反映这两者之间的联合受力情况，采用整体式模型[29]，如图 2-2-6 所示，不考虑植筋胶的界面问题。

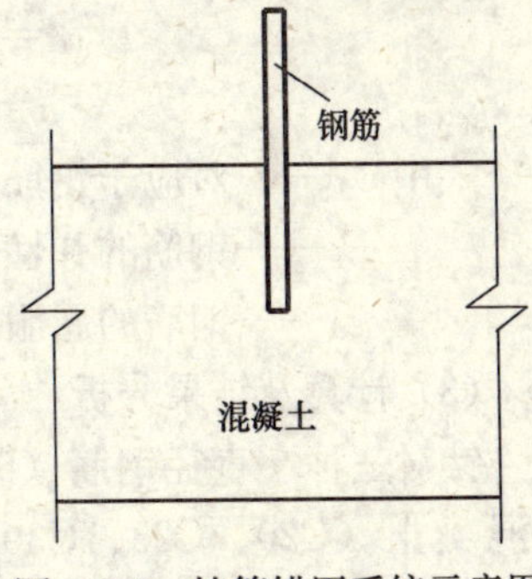

图 2-2-6　植筋锚固系统示意图

1）混凝土单元

采用三维的 solid65 号单元类型，网格划分为常规的四方形。其应力-应变（σ_c-ε_c）关系采用现行国家标准《混凝土结构设计规范》(GB 50010—2002)[30]的规定：

$$\sigma_c = f_c\left[1-\left(1-\frac{\varepsilon_c}{\varepsilon_0}\right)^n\right] \quad \varepsilon_c \leqslant \varepsilon_0 \tag{2-2-5}$$

$$\sigma_c = f_c \quad \varepsilon_0 \leqslant \varepsilon_c \leqslant \varepsilon_{cu} \tag{2-2-6}$$

$$n = 2-\frac{1}{60}(f_{cu,k}-50) \tag{2-2-7}$$

$$\varepsilon_0 = 0.002+0.5(f_{cu,k}-50)\times 10^{-5} \tag{2-2-8}$$

$$\varepsilon_{cu} = 0.0033-(f_{cu,k}-50)\times 10^{-5} \tag{2-2-9}$$

式中　σ_c——对应于混凝土应变 ε_c 时的混凝土压应力；

ε_0——对应于混凝土压应力刚到达 f_c 时的混凝土压应

变，当 $\varepsilon_0 < 0.002$ 时，应取为 0.002；

ε_{cu}——正截面处于非均匀受压时的混凝土极限压应变，当 $\varepsilon_{cu} > 0.0033$ 时，应取为 0.0033；

$f_{cu,k}$——混凝土立方体抗压强度标准值；

n——系数，当 $n > 2.0$ 时，应取 2.0。

2）钢筋单元

采用 link8 的杆单元，应用双线性理想的弹塑性的应力-应变关系[30]：

$$\sigma = E_s \varepsilon \quad \varepsilon \leqslant \varepsilon_y \tag{2-2-10}$$

$$\sigma = f_y \quad \varepsilon > \varepsilon_y \tag{2-2-11}$$

式中 σ——对应于钢筋拉应变 ε 时的钢筋拉应力；

E_s——钢筋的弹性模量；

ε_y——钢筋的屈服拉应变。

（3）计算及结果分析

针对三种小直径钢筋（6mm、8mm、10mm）在不同强度等级混凝土（C20、C25、C30、C35）以及不同植入深度（5d、10d、15d）的情况下的拉拔试验的计算分析。在应力分布分析中，我们考虑的拔出锥体边缘拉应力的确定是以混凝土的拔出方向的拉应力达到混凝土抗拉强度设计值 f_t 的 1.2 倍为界，如图 2-2-7 所示；而其应力影响半径 R 的取值为锥体最大半径两个正交方向中的大者，如图 2-2-8 所示，在应力平面考虑其影响范围的半径 R_1、R_2，若 $R_1 < R_2$，则 $R = R_2$。故取植筋间距 $D = 2R$。

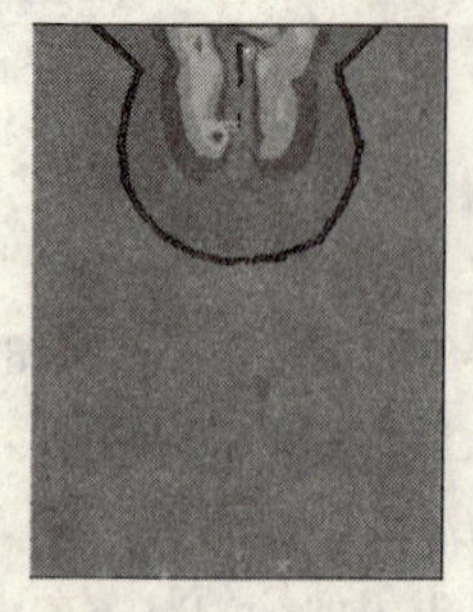

图 2-2-7　应力纵断面图

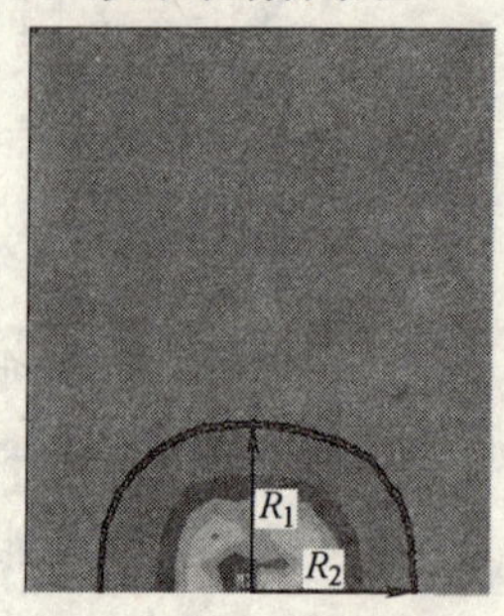

图 2-2-8　应力横断面图

以钢筋的植入深度与植筋间距 D 为变量，将计算结果标于图 2-2-9 中。

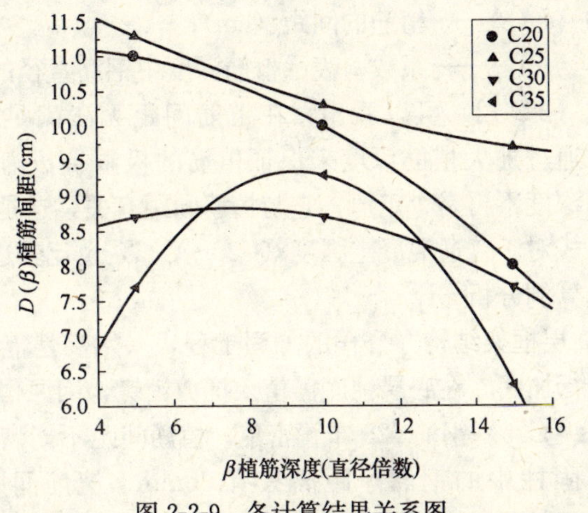

图 2-2-9　各计算结果关系图

从图 2-2-9 可见，随着植筋深度 β 的增加，植筋间距 D 呈下降趋势，或者反过来说，当植筋间距 D 满足不了要求（小于最小植筋间距）时，在一定范围内还可以通过加大植筋深度 β 来满足要求。对上述计算结果进行综合考虑及数据拟合，得到图 2-2-10所示的植筋深度 β 与植筋间距 $D(\beta)$ 的关系。

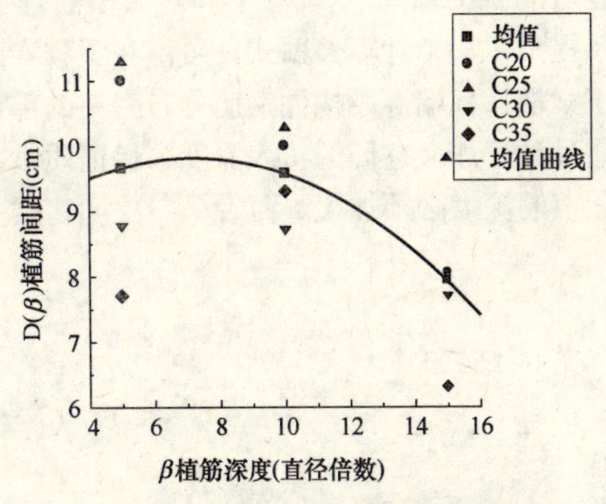

图 2-2-10　植筋深度与植筋间距关系图

得到拟合的植筋深度 β 与植筋间距 $D(\beta)$ 的关系式：

$$D(\beta)=8.225+0.445\beta-0.031\beta^2 \quad (2\text{-}2\text{-}12)$$

式中 $D(\beta)$——植筋的间距（cm）；

β——系数，表示植筋深度中钢筋直径的倍数。

由式（2-2-12）可以看出，在植筋间距无法满足正常要求时，考虑通过加大植筋深度来保证植筋的极限抗拔力。也就是说，植筋深度不再是个定值，它与植筋间距有关，这是比较合理的。该公式对于普通混凝土强度（C20～C35）也比较适用。

（4）算例分析

某10层框架结构办公楼的加固工程，采用高性能复合砂浆钢筋网进行加固，在底层柱底需植入抗剪销钉，因原构件（混凝土强度等级C35）钢筋 $\phi25$ 布置密集，植筋间距不能满足常规要求，被加固柱中的钢筋净距离只有35mm，植筋间距只能是30mm，现采用销钉直径为6mm，为保证植筋质量需加大埋深。采用式（2-2-12）进行初步计算：

$$8.225+0.445\beta-0.031\beta^2=3,\text{得 }\beta=22$$

即埋深为 $22d=22\times6=132$mm，取整可以考虑取植入深度为140mm。

（5）技术小结

本节对普通混凝土强度（C20～C35）的植筋埋深与植筋间距之间的关系提出了一个计算关系式，可供在工程实践中参考借鉴。特别对于梁端、柱端等原构件钢筋分布密集的部位要进行植筋时，可以通过计算加大它们的植入深度来保证质量。随着植筋间距的减小，植筋深度必须加大，两者呈二次抛物线关系。

3

农村既有建筑抗震加固

对于地震区既有钢筋混凝土结构和砌体结构，可以采用性能好、造价低廉的高性能水泥复合砂浆薄层（HPFL）加固。

本章就 HPFL 加固地震区既有钢筋混凝土结构房屋、HPFL 加固地震区既有砌体结构房屋及木结构房屋抗震加固等方面进行了叙述。

3.1 加固材料

本书中所介绍的主要加固材料为高性能水泥复合砂浆、水泥基植筋胶和钢筋。高性能水泥复合砂浆是以硅酸盐水泥和高性能混凝土掺合料为主要成分，加外加剂和少量有机纤维，再加水和砂拌合而成的一种具有良好工作度的砂浆。养护至设计强度后，具有高强度，低收缩，高抗裂性，密实性好等特点。水泥基无机植筋胶是以硅酸盐水泥和标准石英砂为主要成分，并添加一定量的外加剂的植筋材料，并具有高强度、微膨胀、抗老化、潮湿环境下硬化等特点。材料的性能往往对结构的安全性能起着决定性的作用，因此，对各种组成材料的充分了解，在设计和施工中合理地选择和使用材料是具有重大意义的。

3.1.1 组成材料及性能要求

(1) 水泥

水泥是一种良好的水硬性矿物胶凝材料，能经过物理化学反应过程由可塑性浆体变成坚硬的石状体，并能将散粒状材料胶结成为整体；水泥浆体不但能在空气中硬化，而且能更好地在水中硬化。

水泥强度等级的选用，不仅要能使所配的砂浆强度达到要求，而且和易性和耐久性也必须满足施工和规范要求。复合砂浆和水泥基植筋胶用的水泥强度等级应分别不低于 32.5 级和 42.5 级。水泥品种应优先采用硅酸盐水泥和普通硅酸盐水泥，如采用矿渣硅酸盐水泥，应在原来基础上提高一个强度等级。

硅酸盐水泥（Ⅰ型和Ⅱ型）和普通硅酸盐水泥的技术要求：

1）不溶物

Ⅰ型硅酸盐水泥中不溶物不得超过 0.75%；Ⅱ型硅酸盐水泥中不溶物不得超过 1.50%。

2）烧失量

Ⅰ型硅酸盐水泥中烧失量不得大于 3.0%；Ⅱ型硅酸盐水泥中烧失量不得大于 3.5%；普通水泥中烧失量不得大于 5.0%。

3）氧化镁

水泥中氧化镁的含量不宜超过 5.0%。如果水泥经压蒸安定性试验合格，则水泥中氧化镁的含量允许放宽到 6.0%。

4）三氧化硫

水泥中三氧化硫的含量不得超过 3.5%。

5）细度

硅酸盐水泥的比表面积大于 $300m^2/kg$；普通水泥 $80\mu m$ 方空筛筛余不得超过 10.0%。

6）凝结时间

硅酸盐水泥初凝时间不得早于 45min，终凝不得迟于 6.5h。普通水泥初凝时间不得早于 45min，终凝不得迟于 10h。

7）安定性

用煮沸法检验必须合格。

8）强度

水泥强度等级按规定龄期的抗压强度和抗折强度来划分，各强度等级水泥的各龄期强度不得低于表 3-1-1 的规定。

9）碱含量

硅酸盐水泥、普通硅酸盐水泥强度指标（MPa）　　表 3-1-1

品　种	强度等级	抗压强度		抗折强度	
		3天	28天	3天	28天
硅酸盐水泥（P·Ⅰ,P·Ⅱ）	42.5	17.0	42.5	3.5	6.5
	42.5R	22.0	42.5	4.0	6.5
	52.5	23.0	52.5	4.0	7.0
	52.5R	27.0	52.5	5.0	7.0
	62.5	28.0	62.5	5.0	8.0
	62.5R	32.0	62.5	5.5	8.0
普通硅酸盐水泥（P·O）	32.5	11.0	32.5	2.5	5.5
	32.5R	16.0	32.5	3.5	5.5
	42.5	16.0	42.5	3.5	6.5
	42.5R	21.0	42.5	4.0	6.5
	52.5	22.0	52.5	4.0	7.0
	52.5R	26.0	52.5	5.0	7.0

注：表中有R标志的为快硬水泥。

水泥中碱含量按 $Na_2O+0.658K_2O$ 计算值来表示。若使用活性骨料，用户要求提供低碱水泥时，水泥中碱含量不得大于0.60%或由供需双方商定。

除上述要求外，水泥的性能和质量还应分别满足现行国家标准《通用硅酸盐水泥》（GB 175—2007）、《快硬硅酸盐水泥》（GB 199—1990）的规定。

严禁使用过期水泥、受潮水泥以及无出厂合格证和未经常规检验合格的水泥。运输和贮存水泥要按不同品种、强度等级及出厂日期存放，并加以标志。由于水泥易受潮的特性，应存放在干燥的地方，并且应在规定日期内使用。

（2）砂和水

砂分为天然砂和人工砂两类，我国建筑用砂主要以河砂（天然砂）为主。按细度分类可分为粗、中、细三种规格，其细度模

数 μ_f 分别为：

粗砂 μ_f＝3.7～3.1；

中砂 μ_f＝3.0～2.3；

细砂 μ_f＝2.2～1.6；

配置结构加固用的高性能水泥复合砂浆，其细骨料应选用洁净的中砂，对于喷射砂浆，其细度模数不宜小于2.5；水泥基植筋胶骨料采用70～100目（粒径0.15～0.21mm）的标准石英砂，细骨料的质量应符合《普通混凝土用砂、石质量及检验方法标准》（JGJ 52—2006）的规定。

水是复合砂浆和水泥基植筋料的重要组成成分。拌合用的水质不纯，可能产生多种有害作用，如：①影响和易性及凝结；②有损强度的发展；③降低耐久性，加快钢筋的锈蚀。为保证砂浆和植筋料的质量和耐久性，必须使用合格的水拌制。不得采用海水作为混凝土拌合用水和养护用水；当处于氯盐腐蚀性环境时，拌合用水中的氯离子含量不宜大于200mg/L；除满足上述要求外，拌合用水还需符合《混凝土用水标准》（JGJ 63—2006）的规定。

(3) 添加剂

结构加固用复合砂浆中，一般应掺加矿物外加剂、膨胀剂、化学外加剂和纤维。水泥复合砂浆用的外加剂可采用矿物外加剂、膨胀剂、化学外加剂、聚合物乳液和可用分散聚合物胶粉，其性能和品种应符合下述要求。

1）矿物外加剂

矿物外加剂即单一或复合的天然矿物或人造矿物材料，经适当的工艺粉磨而成的粉末材料，将其掺入混凝土中可改善混凝土力学性能。矿物外加剂分为：矿渣微粉、粉煤灰微粉、沸石微粉、硅灰及其他天然矿物或人造矿物材料。

水泥复合砂浆中用的矿物外加剂可采用Ⅰ、Ⅱ级磨细矿渣，Ⅰ级磨细粉煤灰和硅灰。

2）膨胀剂

膨胀剂分硫铝酸钙类、硫铝酸钙—氧化钙类与氧化钙类三种。硫铝酸钙类膨胀剂是目前的主流产品，国内外绝大多数膨胀混凝土都采用水化硫铝酸钙（即钙矾石）为膨胀源。市场上销售的UEA、CEA、HEA、FS、AEA、UEA-×及CEA-×等膨胀剂中，UEA、AEA、FS及UEA-×属硫铝酸钙类，CEA、HEA和CEA-×则属氧化钙类；其中，UEA-×、FS、HEA、CEA-×是由膨胀剂和其他化学外加剂复合而成的一类复合膨胀剂。复合膨胀剂适合在现场搅拌的混凝土中使用，便于施工管理。

膨胀剂主要特性是掺入后能起抗裂防渗作用，它的膨胀性能可补偿水泥硬化过程中的收缩。膨胀剂使用前应进行限制膨胀率检测，合格后方可使用。

值得注意的是在长期环境温度为80℃以上的工程中不得使用含硫铝酸钙类、硫铝酸钙—氧化钙类膨胀剂。海水或有侵蚀性的工程中，不得使用含氧化钙类膨胀剂。

3）化学外加剂

化学外加剂的种类很多，按其化学成分可分为三类。

无机盐类外加剂：如早强剂、防冻剂、速凝剂、膨胀剂、着色剂、防水剂等。

高分子表面活性剂：这类外加剂主要是表面活性剂，如塑化剂（减水剂）、减缩剂、消泡剂、引气剂、乳化剂等。

树脂类高分子：如聚合物乳液、可再分散聚合物胶粉、纤维素醚、水溶性高分子材料等。

在水泥复合砂浆中用的化学外加剂常采用的有高效减水剂、引气减水剂和缓凝高效减水剂。聚合物乳液常采用聚醋酸-乙烯共聚乳液和聚丙烯酸酯乳液，可再分散聚合物胶粉产品可采用乙烯基类和丙烯酸类。

（4）纤维

纤维大体分天然纤维、人造纤维和合成纤维。天然纤维包括植物纤维（天然纤维素纤维）、动物纤维（天然蛋白质纤维）和矿物纤维。植物纤维包括：种子纤维（如：棉、木棉）、韧皮纤维（如：亚麻、苎麻、黄麻）、叶纤维（如：剑麻、蕉麻）、果实纤维（如：椰子纤维）。动物纤维包括：毛发纤维（如：绵羊毛、山羊绒、骆驼毛、兔毛、马海毛）和腺体纤维（如：蚕丝）。人造纤维（如：人造棉、人造丝等）。聚酰胺纤维素（锦纶）、聚酯纤维（涤纶）、聚丙烯腈纤维（腈纶）、聚乙烯醇缩甲醛纤维（维尼纶）是我国合成纤维的四大品种。此外聚丙烯纤维（丙纶）、聚氯乙烯纤维（氯纶）也有一定的产量。

纤维与水泥基体相复合使用的目的在于克服水泥基体相的弱点。纤维在复合材料中主要起以下三个方面的作用：①阻裂作用。阻止水泥基体内裂缝的产生和发展；②增强作用。加入纤维可以改善水泥基体内的内部缺陷，使其强度有充分的保证；③增韧作用。可以使复合材料具有一定的延性。

水泥复合砂浆用纤维一般采用聚合物纤维，可选用聚丙烯腈纤维、聚丙烯纤维、聚酰胺纤维和改性聚酯纤维。在选用聚合物纤维时，其抗拉强度不应低于300N/mm^2。水泥复合砂浆用聚合物纤维的长度不宜太长，否则不易分散，影响拌合均匀性，宜采用直径为10～100μm、长度为4～20mm的细纤维。

(5) 钢筋

在使用高性能水泥复合砂浆钢筋网加固时，由于考虑到在使用荷载下钢筋的应力较低，因此钢筋应优先选用HRB335级热轧带肋钢筋或HPB235级（Q235级）的热轧钢筋；但当有工程经验时，也可使用HRB400级或RRB400级的热轧带肋钢筋。

钢筋的质量与性能设计值应分别符合现行国家标准。钢筋的质量应符合现行国家标准《钢筋混凝土用钢　第2部分：热轧带肋钢筋》(GB 1499.2—2007)、《钢筋混凝土用钢　第1部分：热轧光圆钢筋》(GB 1499.1—2008) 和《钢筋混凝土用余热处理钢筋》(GB 13014—1991) 的规定；钢筋的性能设计值应按现行国家标准《混凝土结构设计规范》(GB 50010—2002) 的规定采用。

抗剪销钉应尽量采用带肋钢筋，以增加其锚固抗拔能力。

高性能水泥复合砂浆钢筋网加固用的焊接材料，其型号和质量应符合下列要求：

1）焊条型号应与被焊接钢材的强度相适应；

2）焊条的质量符合现行国家标准《碳钢焊条》（GB 5117—1995）和《低合金钢焊条》（GB/T 5118—1995）的规定；

3）焊接工艺应符合现行行业标准《钢筋焊接及验收规程》（JGJ 18—2003）或《建筑钢结构焊接技术规程》（JGJ 81—2002）的规定；

4）焊缝连接的设计原则及计算指标应符合现行国家标准《钢结构设计规范》（GB 50017—2003）的规定。

（6）界面处理剂

水泥复合砂浆用界面处理剂，一般应采用水泥基界面处理剂。采用的水泥为普通硅酸盐水泥或硅酸盐水泥。

界面处理剂按组成分为以下两种类型。

P类：由水泥、矿物外加剂、膨胀剂、填料和外加剂等组成。

D类：含有聚合物乳液或可再分散聚合物胶粉的产品。

对于有防火要求工程的加固，宜优先采用P类界面处理剂。

界面处理剂应具有较好的渗透性和附着性，界面处理剂的物理力学性能应符合表3-1-2的规定。

界面处理剂的物理力学性能　　表3-1-2

项目	粘结抗剪强度(MPa)		粘结拉伸强度(MPa)			
	7*d*	28*d*	未处理	浸水处理	热处理	冻融循环处理
指标	≥1.0	≥1.6	≥0.65	≥0.55		

为保证高性能水泥复合砂浆和原构件的可靠粘结，应在界面涂刷后10min内压抹复合砂浆。

3.1.2　高性能水泥复合砂浆

高性能水泥复合砂浆一般以硅酸盐水泥和高性能混凝土掺合

料为主要成分，掺入外加剂和少量有机纤维，加水和砂（粒径 $D \leqslant 2.5$mm）拌合，有特殊用途时也可用短的碳纤维或钢纤维，此时砂浆的物理力学性能应通过试验确定。

结构加固用水泥复合砂浆，其强度等级应比原结构构件提高二级，且不得低于 M30，因此其水胶比一般不宜大于 0.4。

为改善复合砂浆的工作性能和与原构件之间的渗透性，一般应在砂浆中掺入一些超细粉料。掺入磨细矿渣和磨细粉煤灰时，掺量不宜大于 20%；掺入硅灰时，掺量不宜大于 10%。

为了改善复合砂浆的抗裂性能和提高极限拉伸应变，一般在砂浆中掺入一些短细的聚合物纤维，如聚乙烯纤维。掺入聚合物纤维体积率不应小于 0.16%。

为了防止复合砂浆产生过大的收缩而与原构件之间产生粘结-滑移破坏，宜掺入膨胀剂；砂浆的 $7d$ 浸水膨胀率应大于 0.02%；$28d$ 的膨胀率应大于 0.04%。

现在已有公司将各种外加剂和纤维预先拌好作为成品添加剂，使用时与水和水泥按比例拌合均匀即可使用，比较方便。如长沙磊鑫土木技术工程有限公司提供的 LX 型添加剂，使用方便，只要按水泥重量的百分比加入拌匀即可。

砂浆试验性能试验：

复合砂浆的组成为：32.5 级、42.5 级普通硅酸盐水泥，0.25mm 筛孔过筛的中砂以及（高浓）共聚羧酸改性外加剂，或由聚丙烯纤维、钙矾石型膨胀剂、硅灰及粉煤灰等超细掺合料组成的外加粉剂。关键是“水灰比”不能大于试验室提供的配合比规定。

采用机械搅拌，将复合砂浆拌合物一次倒满边长为 70.7mm 的三联立方体试模，每组 6 个试块，并留相同规格的普通水泥砂浆对比试块各一组，标准养护 28d，在万能试验机上测立方体抗压强度。配合比、材料参数和试验结果见表 3-1-3。

例如配置三种强度等级的高性能水泥复合砂浆：M30、M40、M50，其配合比及实际抗压强度见表 3-1-4 所列[31]。该高

复合砂浆的配合比　　表 3-1-3

名称		水泥强度等级	添加剂名称	水泥：砂：水：LX 添加剂	水灰比	抗压强度 (MPa)
砂浆	1	32.5	—	1∶2∶0.4∶0	0.4	21.6
	2	32.5	聚羧酸改性剂	1∶2∶0.4∶0∶0.04	0.4	29.6
	3	42.5	—	1∶2∶0.4∶0	0.4	22.7
	4	42.5	聚羧酸改性剂	1∶2∶0.4∶0∶0.04	0.4	32.4
	5	42.5	—	1∶1.5∶0.44∶0	0.44	19.07
	6	42.5	外加粉剂	1∶1.5∶0.44∶0.15	0.44	49.47

性能水泥复合砂浆的组成为：P.O.42.5 普通硅酸盐水泥，中砂（中砂，细度模数为 2.3～2.6），以及外加剂 HPPC（由聚丙烯纤维、钙矾石型膨胀剂、硅灰及粉煤灰等超细掺合料组成）。

由于各地区采用的砂石等材料的不同，表 3-1-4 仅供参考，在使用前应做试验室配合比验证。应使用配合比进行不少于 6 次的重复试验进行验证，其平均值不应低于配置强度。

高性能水泥复合砂浆配合比及抗压强度　　表 3-1-4

砂浆强度等级	配合比	立方体抗压强度(MPa)						
	水泥：砂：水：LX 添加剂	1	2	3	4	5	6	平均值
M30	1∶2.6∶0.4∶0.16	29.37	29.81	29.21	31.89	27.99	32.77	30.17
M40	1∶2.1∶0.4∶0.16	41.97	43.01	42.07	45.51	41.33	43.98	42.98
M50	1∶1.6∶0.4∶0.16	51.05	52.31	51.63	56.19	49.50	57.66	53.06

3.1.3 水泥基植筋胶

水泥基植筋胶是以细石英砂为骨料，以高强度水泥作为结合剂，并添加外加剂拌合而成，具有高强度、高流态、微膨胀等特性的一种复合材料。水泥基植筋胶性能与传统的有机植筋胶相比，具有更好的耐久性、耐火性、低造价、不污染环境等特点。所以说，水泥基植筋胶是植筋胶粘剂发展的一个重要方向。

水泥基植筋胶具有高强度的特性，必须使用高强度的水泥，并且要控制水灰比。因此优先选用52.5级的硅酸盐水泥或普通硅酸盐水泥，水灰比一般宜小于0.35。对于不同材料构件植筋的水灰比可以作适当的调整，例如在砌体上植筋时，由于砌体吸水性好，可以适度增加水灰比以利于施工。

高效减水剂（粉剂）的适宜掺量范围为0.5%～1.5%，最佳选用范围为0.75%～1.0%；膨胀剂的适宜掺量为10%～12%。

硅粉的适宜掺量应低于水泥或胶凝材料用量的10%，硅粉掺量过高砂浆的耐磨性能会降低，并且强度提升幅度很小。

现已可以在市场上买到水泥基植筋胶成品，按生产厂家提供的比例加水充分搅拌至流态即可使用。

3.2 高性能水泥复合砂浆钢筋网薄层（HPFL）加固混凝土结构技术

高性能水泥复合砂浆薄层（HPFL——High Performance Ferrocement Laminate）是一种新型的无机材料，具有强度高、收缩小、环保性能好、耐久性好、可靠性高和混凝土粘结性能好等一系列优点，将其与钢筋网结合形成的加固薄层能与被加固的混凝土构件很好地共同工作，且对原结构的尺寸加大很少。采用高性能水泥复合砂浆钢筋网薄层加固混凝土构件能有效提高构件的强度、刚度、抗裂度和延性。特别是其具有造价低廉、环保性能好、耐火性能好、施工简易方便、加固质量容易得到保证以及结构耐久性好等一系列优点，因此是一种绿色结构加固工程技术。

高性能复合砂浆，是在普通水泥砂浆中掺入聚丙烯纤维、钙矾石型膨胀剂、减水剂以及硅灰、粉煤灰等超细掺合料制作而成的。高性能复合砂浆不仅具有很高的抗拉（3～5MPa）、抗压（40MPa以上）强度，而且具有良好的粘结强度、韧性、延展性和较大的极限拉应变。相对于普通水泥砂浆，高性能水泥复合砂浆固化前具有良好的保水性、流动性和工作度，硬化过程中收缩量小，硬化后抗压强度及新老界面粘结强度较高。

高性能复合砂浆的基础仍然是普通水泥砂浆，以无机材料为主，所以复合砂浆加固层能够与原混凝土结构很好地兼容，只不过某些性能已调整改变。例如：复合砂浆与原结构的粘结强度大于普通水泥砂浆；复合砂浆的自然收缩小于普通水泥砂浆；复合砂浆抗拉、抗压强度大大高于普通水泥砂浆。

HPFL 加固方法是利用高性能复合砂浆优良的物理力学性能以及优良的界面粘结性能，使得该加固砂浆薄层与原构件具有较好的整体工作性能。HPFL 加固能抑制钢筋混凝土裂缝的产生和发展，有效提高构件刚度。原构件一次受力后，构件的裂缝和挠度有不同程度的发展，构件的截面刚度随着所加荷载的增加会有所降低。高性能复合砂浆覆盖了原有裂缝，加固构件的截面刚度会有明显的提高，加固后构件表面的裂缝发展及截面刚度与原构件会有所不同，加固构件的裂缝总体呈现出“细而密”的特点，钢筋网起到了约束和抑制裂缝的作用。

结构设计和加固设计不仅要解决结构承载力设计问题，而且要解决结构构件的适用性和耐久性问题。对于使用上要控制变形和裂缝的结构构件而言，除了要进行临近破坏阶段的承载力计算外，还要进行正常情况下的变形和裂缝验算。

从 20 世纪 70 年代至今，一大批专家、学者在钢丝网水泥加固混凝土结构方面做了大量的研究工作。

通过大量的试验研究和工程实践，发现 HPFL 具有以下的优点：

（1）强度高、收缩小

作为胶结材料的高性能复合砂浆，是在普通水泥砂浆中掺入聚丙烯纤维、钙矾石型膨胀剂、硅灰、粉煤灰等超细掺合料制作而成的。高性能复合砂浆不仅具有很高的抗拉（3～5MPa）、抗压（40MPa 以上）强度，而且具有良好的粘结强度、韧性、延展性和较大的极限拉应变。HPFL 采用钢筋网作为增强材料，分散性好，裂缝间距小。HPFL收缩小，能与被加固构件混凝土共同变形，不容易产生剥离破坏。

（2）防火、耐高温性能较好

高性能复合砂浆是一种以无机材料为主的胶结材料。相对于有机结构胶加固方法（比如说粘碳纤维、粘钢板方法）而言，HPFL具有较好的防火、耐高温性能。

（3）与原混凝土材料兼容性较好

HPFL属于无机材料，与钢筋混凝土材性十分接近，不会形成材质不兼容的隔离层。由于水泥胶体在长期的温、湿环境下的自愈合能力，砂浆与原混凝土的毛细管能相互连通，水泥胶体能相互渗透。与有机材料相比，HPFL与被加固的混凝土基材之间具有更好的兼容性、工作协调性、相互渗透性。

（4）施工简易，造价低廉

HPFL施工操作简单方便。只需按要求对原构件的混凝土表面进行凿毛处理，然后对表面进行清洗，植入抗剪销钉，铺设钢筋网，涂刷界面剂，最后粉抹或喷射高性能复合砂浆即可。施工质量容易保证。因此HPFL加固法具有较强的适用性，易于推广应用。HPFL的主要材料为普通的钢材和水泥，加上少量添加剂，造价低廉。在通常配网率下，其单位面积造价（直接费）仅为粘钢、粘碳纤维等加固方法的1/4～1/3左右。

（5）HPFL强度高，属于无机材料，稳定性好，与被加固构件共同工作的性能好。

采用该方法加固混凝土结构仅仅只在构件表面增加薄薄的一层HPFL（25mm左右），被加固构件的体积增加很少，几乎不占用原来的空间，适用性好。

3.3 高性能水泥复合砂浆钢筋网薄层（HPFL）加固砌体结构技术

对农村地区的既有砌体（眠墙或空斗墙）建筑，或在地震区既有带有裂缝的砌体（眠墙或空斗墙）结构建筑，可采用高性能水泥复合砂浆钢筋网薄层（HPFL）条带法进行抗震加固。

用HPFL与砖砌体一起形成的钢筋砖圈梁、构造柱可以显著地提高砖砌体的延性以及抗震抗倒塌能力。大量的试验研究已证明，高性能水泥复合砂浆与砖砌体的粘结性能要大大好于与混凝土的粘结性能。加之复合砂浆比较便宜，采用复合砂浆条带薄层加固造价很低、性能可靠、耐久性好。

采用HPFL加固方法对农村砖房进行加固有以下几种形式：单面或双面复合砂浆钢筋网圈梁、单面或双面复合砂浆钢筋网构造柱、单面或双面复合砂浆剪刀撑加固砖墙。

加固原则：对于农村地震时基本地震加速度为0.025*g*以上地区，原砌体结构未设置圈梁、构造柱的房屋，宜按表3-3-1采用复合砂浆钢筋网薄层加设圈梁、构造柱或剪刀撑（此时原砌体结构砌筑砂浆强度不低于M2.5）。

HPFL加固砌体构造措施（原未设置圈梁构造柱砌体砂浆强度不低于M2.5） **表3-3-1**

设防烈度	基本地震地面水平运动加速度值	复合砂浆钢筋网薄层窄条带加固砖砌体					
		空斗墙砌体			眠墙砌体		
		圈梁（每层）	构造柱（基础至屋顶）	剪刀撑	圈梁	构造柱	剪刀撑
5	0.025*g*	单面HPFL	单面HPFL				
6	0.05*g*	单面HPFL	双面HPFL		单面HPFL	单面HPFL	
7	0.10*g*	单面HPFL	双面HPFL		单面HPFL	单面HPFL	
7.5	0.15*g*	单面HPFL	双面HPFL		单面HPFL	双面HPFL	
8	0.20*g*	双面HPFL	双面HPFL	单面HPFL	双面HPFL	双面HPFL	
8.5	0.30*g*	双面HPFL	双面HPFL	单面HPFL	双面HPFL	双面HPFL	
9.0	0.40*g*	双面HPFL	双面HPFL	双面HPFL	双面HPFL	双面HPFL	单面HPFL
9.5	＞0.6*g*	双面HPFL	双面HPFL	双面HPFL	双面HPFL	双面HPFL	单面HPFL
＞10	＞0.8*g*	双面HPFL	双面HPFL	双面HPFL	双面HPFL	双面HPFL	双面HPFL

注：复合砂浆钢筋网薄层圈梁设置在每层楼面板板底处；复合砂浆钢筋网薄层构造柱设置在墙体的转角处（包括与纵墙连接处）。

采用高性能水泥复合砂浆钢筋网窄条带对眠墙砌体房屋进行加固与对空斗墙加固的构造措施略有差异，详见表 3-3-1 所列。

当原砌筑砂浆强度小于 M2.5 但不小于 M1.0 时，可先采用复合砂浆钢筋网薄层对墙体整体进行加固处理，钢筋网网格为 120mm×120mm，钢筋网钢筋直径为 2mm，拉结筋直径为 4mm，复合砂浆抗压强度宜大于 M15。再按表 3-3-1 对墙体进行 HPFL 窄条带圈梁构造柱和剪刀撑加固。

采用 HPFL 窄条带加固砖房构造如图 3-3-1 所示。

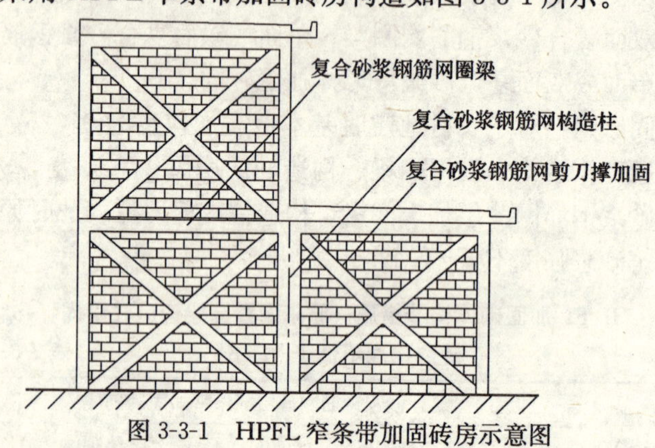

图 3-3-1　HPFL 窄条带加固砖房示意图

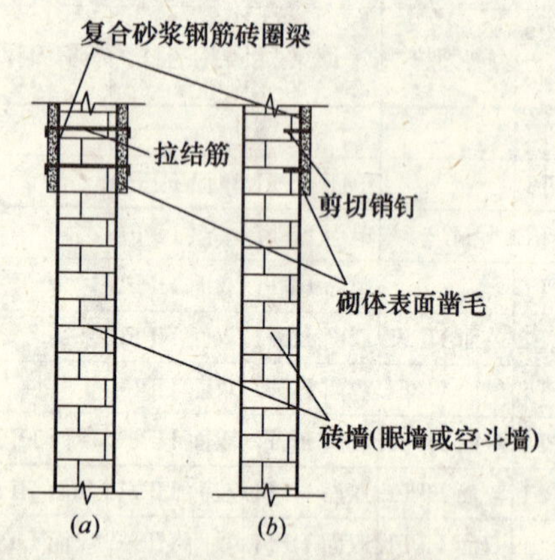

图 3-3-2　复合砂浆钢筋砖圈梁构造图
(a) 双面加圈梁；(b) 单面加圈梁

此处 HPFL 可进行单面加固砌体结构是本加固方法的构造特色，因为其施工简单，可在户外加固结构，不影响室内的家具和墙面装修。因此，在烈度不高的地区可考虑单面复合砂浆钢筋网薄层加设圈梁和构造柱加固砌体结构。如图 3-3-2、图3-3-3所示。

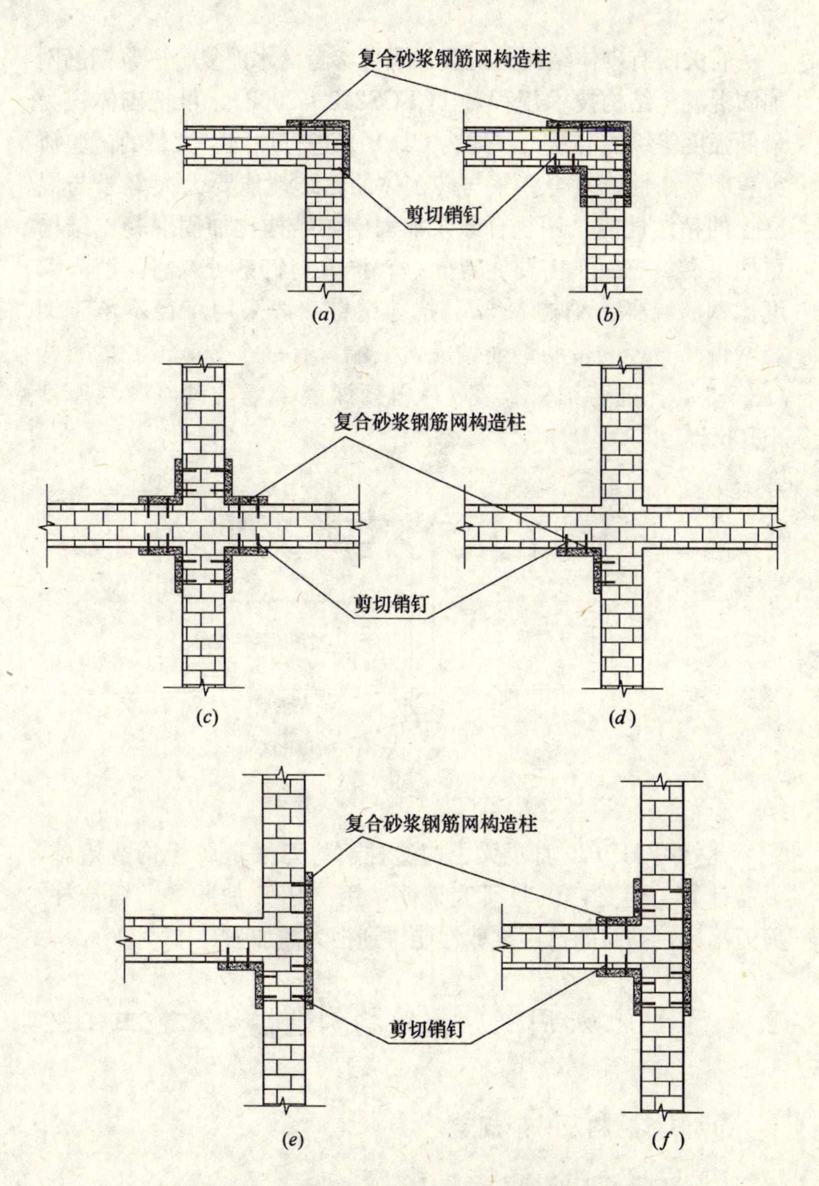

图 3-3-3　复合砂浆钢筋网—砌体组合构造柱

(*a*) 单面加构造柱；(*b*) 双面加构造柱；(*c*) 双面加构造柱；
(*d*) 单面加构造柱；(*e*) 单、双面加构造柱；(*f*) 双面加构造柱有关既有砌体结构的抗震加固可参考《水泥复合砂浆钢筋网加固混凝土结构技术规程》（CECS242：2008），可把砌体视为最低强度等级的混凝土（约为C15）来进行加固。大量的试验研究表明，高性能复合砂浆与砖砌体的粘结性能要大大好于与混凝土的粘结性能，用复合砂浆加固砌体结构比加固混凝土结构更加可靠、有效。需要注意的是，抗剪销钉不可忽略，植入深度比钢筋混凝土结构深 $3d$，抗剪销钉一般采用直径不小于钢筋网钢筋直径的带肋钢筋做成，一端弯有一个20mm长的直钩（图3-3-4）。抗剪销钉长度 l＝植筋深度＋复合砂浆薄层厚度＋10mm。

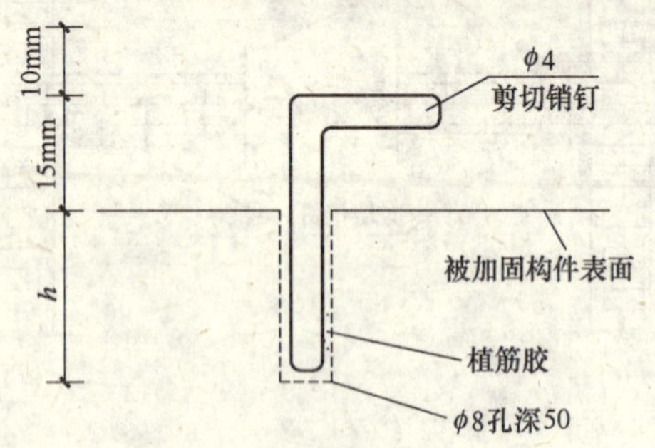

图3-3-4　抗剪销钉大样

此处用HPFL加圈梁、构造柱、剪刀撑是属于构造措施，无需计算。但是，试验研究证明，用HPFL加圈梁、构造柱、剪刀撑后，砌体的抗震抗剪性能得到很大的加强。

3.4　HPFL加固混凝土结构构造措施及施工工艺

3.4.1　材料及一般规定

（1）钢筋使用时的有关规定

1）下列情况，不得采用冷拉或冷拔钢筋作受力钢筋：

① 环境计算温度低于－30℃的结构；

② 预制构件的吊环。

2）下列情况，不宜采用冷拉或冷拔钢筋作非预应力钢筋，若采用时不得利用其冷拉强度：

① 受压钢筋；

② 严格控制裂缝的钢筋混凝土结构。

3）使用冷拔低碳钢丝时，应遵守下列规定：

① 甲级低碳冷拔钢丝主要用于预应力小型构件；乙级低碳冷拔钢丝用于焊接骨架、焊接网、绑扎骨架，绑扎网、箍筋及构造筋；

② 处于有侵蚀性介质的结构如无特殊措施者，不得采用冷拔低碳钢筋作预应力钢筋；

③ 有不透水性要求的钢筋混凝土结构，不宜采用冷拔低碳钢丝。

(2) 焊条

1）低碳钢及低合金高强钢焊条（简称结构焊条）的质量应符合现行国家标准《碳钢焊条》（GB/T 5117—1995）。

2）当加固后的受弯构件应承受的剪力设计值 $V \leqslant 0.1bh_0 f_c$ 时，可采用三面 U 形的高性能水泥复合砂浆钢筋网薄层加固，但必须复核梁端处加固界面剪切承载力；当加固后的受弯构件应承受的剪力设计值 $V > 0.1bh_0 f_c$ 时，应采用四面口形的高性能水泥复合砂浆钢筋网薄层加固，且钢筋网搭接应采用焊接。

当采用冷加工钢筋制作钢筋网时，不宜采用电焊、氧焊等热加工焊接。否则，冷加工钢筋的强度设计值应按冷加工前母材的物理指标取用。

承受动力疲劳荷载的加固构件，钢筋网不应采用焊接冷加工钢筋。

(3) 钢筋的高性能水泥复合砂浆保护层

受力钢筋的砂浆保护层最小厚度（从钢筋的外边缘算起）应符合表 3-4-1 的规定，且不应小于受力钢筋的直径。

高性能水泥复合砂浆保护层最小厚度（mm）　　表 3-4-1

<table>
<tr><th rowspan="2">环境条件</th><th rowspan="2" colspan="2">构件名称</th><th colspan="2">复合砂浆强度等级</th></tr>
<tr><th>M30</th><th>≥M35</th></tr>
<tr><td rowspan="3">室内正常环境</td><td rowspan="2">板、墙、壳</td><td>加固厚度 $h \leqslant 25$mm</td><td colspan="2">10</td></tr>
<tr><td>加固厚度 $h > 25$mm</td><td colspan="2">15</td></tr>
<tr><td colspan="2">梁和柱</td><td colspan="2">15</td></tr>
<tr><td rowspan="2">露天或室内高湿度环境</td><td colspan="2">板、墙、壳</td><td>20</td><td>15</td></tr>
<tr><td colspan="2">梁和柱</td><td>30</td><td>25</td></tr>
</table>

注：1. 属于露天或室内高湿度环境一栏的构件系指直接雨淋的构件，无围护结构房屋的构件，经常受蒸汽或凝结水作用的室内构件（如浴室等）以及与土层直接接触的构件。

2. 板、墙、壳中，分布钢筋的保护层厚度不应小于 10mm，梁、柱中，箍筋和构造钢筋的保护层厚度不应小于 15mm。

3. 要求使用年限较长的重要建筑物和受沿海环境侵蚀的建筑物的承重结构，当处于露天或室内高湿度环境时，其保护层厚度应适当增加。

4. 有防火要求的建筑物，其保护层厚度尚应符合国家现行有关防火规范的规定。

（4）钢筋的锚固

1）当计算中充分利用纵向钢筋强度时，其锚固长度不应小于表 3-4-2 规定的数值。

纵向受拉钢筋的最小锚固长度 l_{as}（mm）　　表 3-4-2

<table>
<tr><th rowspan="2">钢筋种类</th><th colspan="4">高性能水泥复合砂浆强度等级</th></tr>
<tr><th>M15</th><th>M20</th><th>M25</th><th>M30</th></tr>
<tr><td>HPB235 级</td><td>40d</td><td>30d</td><td>25d</td><td>20d</td></tr>
<tr><td>HRB335 级</td><td>50d</td><td>40d</td><td>35d</td><td>30d</td></tr>
<tr><td>HRB400 级</td><td>—</td><td>45d</td><td>40d</td><td>35d</td></tr>
<tr><td>冷拔低碳钢丝</td><td colspan="4">250</td></tr>
</table>

注：1. 当月牙纹钢筋直径 $d > 25$ 时，其锚固长度应按表中数值增加 5d 采用。

2. 当螺纹钢筋直径 $d \leqslant 25$ 时，其锚固长度应按表中数值减少 5d 采用。

3. 当混凝土在凝固过程中易受扰动时（如滑模施工），受力钢筋的锚固长度应适当增加。当梁的高度较大，混凝土振捣其顶部产生严重离析泌水时，梁截面上部纵向受力钢筋的锚固长度也应适当增加。

4. 在任何情况下，纵向受拉钢筋的锚固长度不应小于 250mm。

2）支座锚固处的纵向受拉钢筋，如计算中充分利用其强度时，则其伸入支座内的锚固长度应满足 l_{as}，如不能满足要求时，应采取可靠的锚固措施。

承受扭矩作用的构件中，如受扭纵向钢筋在计算中充分利用其强度时，也应符合上述规定。

3）纵向受拉钢筋不宜在受拉区截断。如必须截断时，应延伸至按正截面受弯承载力计算不需要该钢筋的截面以外，延伸的长度不应小于 $20d$；同时 $V \geqslant 0.07 f_c b h_0$ 时，从该钢筋强度充分利用截面延伸的长度，尚不应小于（$1.2 l_{as} + h_0$）；当 $V < 0.07 f_c b h_0$ 时，从该钢筋强度充分利用截面延伸的长度，尚不应小于 $1.2 l_{as}$。

4）梁中的纵向受压钢筋在跨中截断时，必须伸至按计算不需要该钢筋的截面以外，延伸的长度不应小于 $15d$；对绑扎骨架中末端无弯钩的光圆钢筋，不应小于 $20d$。

5）对承受重复荷载的预制构件，应将非预应力受拉钢筋末端焊接在钢板或角钢上，钢板或角钢应可靠地锚固于混凝土中。钢板或角钢的尺寸应按计算确定，其厚度不宜小于 10mm。

（5）高性能水泥复合砂浆

1）高性能水泥复合砂浆的基本要求为：

① 应符合设计强度及建筑物耐久性的要求；

② 应具有早强、高强、高耐久性、高体积稳定性、高抗裂性；

③ 应具有良好的和易性，合适的稠度和足够的保水性。

2）高性能水泥复合砂浆的强度等级

用符号 M 表示，强度等级为 M30、M40、M45、M50、M60、M70、M80 七个等级。

3）确定高性能水泥复合砂浆强度等级时，采用的砂浆试块底模应采用同类加固构件作底模。

3.4.2 抗剪销钉构造

（1）抗剪销钉应采用热轧带肋钢筋，抗剪销钉植筋可采用有机材料植筋或无机材料植筋，当有防火要求时宜优先采用无机材料植筋。被加固构件宜采用抗剪销钉以增强加固界面的抗剪强度，抗剪销钉的直径和间距应按《水泥复合砂浆钢筋网加固混凝土结构技术规程》（CECS 242：2008）第 5.2.1 条计算确定。

（2）抗剪销钉植入深度应符合下列要求：

1）用有机结构胶植抗剪销钉，植入深度不应小于 5d（d 为销钉直径），且不应小于 40mm。

2）用无机材料植抗剪销钉，植入深度不应小于 8d，且不应小于 60mm。

3）钢筋混凝土板底加固时，抗剪销钉植入深度应在上述规定的基础上增加 3d。抗剪销钉的间距不应小于销钉植入深度的 2 倍，销钉与试件边缘的距离不应小于 60mm。

（3）当按构造（不需按计算）设置抗剪销钉时，其间距不应大于钢筋网同方向间距的 3 倍，销钉直径不应小于 6mm。

3.4.3 加固钢筋混凝土板的构造

（1）受力钢筋

1）受力钢筋的直径应符合表 3-4-3 的规定。

受力钢筋的直径（mm）　　表 3-4-3

直径(mm)	支承板 加固层厚度(mm)		悬臂板 悬出长度(mm)	
	$h<20$	$20\leqslant h\leqslant 25$	$L\leqslant 500$	$L>500$
最小直径	6	8	6	8
常用直径	6～18	8～10	6～8	8～10

2）受力钢筋的间距

板中采用绑扎钢筋作配筋时，其受力钢筋的间距应符合表 3-4-4 的规定。

3）受力钢筋的锚固

受力钢筋的间距（mm） **表 3-4-4**

间　距	跨　中		支　座	
	加固板厚度 $h \leqslant 20$	加固板厚度 $h > 20$	下部钢筋	上部钢筋
最大	100	1.5h 且不大于 100	400，不小于跨中受力钢筋截面面积的 1/3	200
最小	25	50	70	70

注：板中受力钢筋一般距墙边或梁边 50mm 开始配置。

① 采用绑扎配筋的板，上部受力钢筋伸入支座内的锚固长度 l_{as} 按下列规定确定：

A. 嵌固在砖石砌体墙内的简支板，$l_{as}=c-10$［图 3-4-1（a）］。

B. 板与梁整体连接时，l_{as} 按《水泥复合砂浆钢筋网加固混凝土结构技术规程》（CECS 242：2008）第 1 章第 5 节的规定确定［图 3-4-1（b）］。

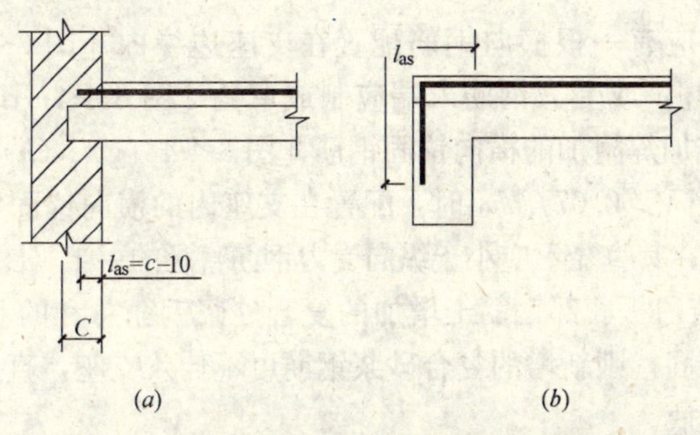

图 3-4-1　简支板上部加固受力钢筋的锚固长度

② 采用绑扎配筋的板，下部纵向受力钢筋伸入支座内的锚固长度 l_{as} 不应小于 $5d$，如图 3-4-2 和图 3-4-3 所示。

③ 采用焊接网配筋的板，下部受力钢筋伸入支座内的锚固长度 l_{as} 不应小于 $5d$，同时尚应满足：

A. 当 $V \leqslant 0.07 f_c b h_0$ 时的简支板或与梁整体连续的板，其

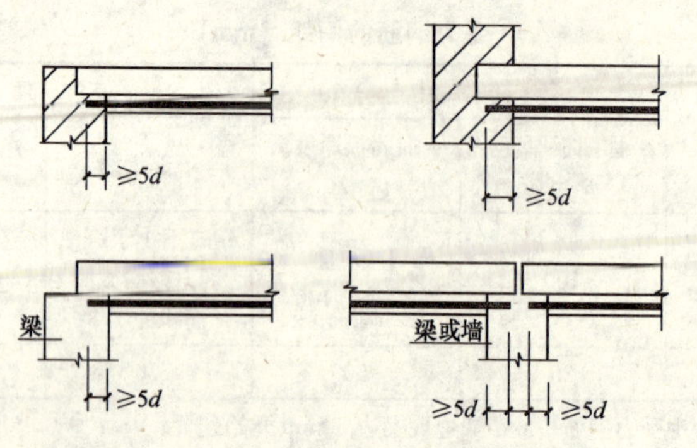

图 3-4-2　简支板下部加固受力钢筋的锚固长度

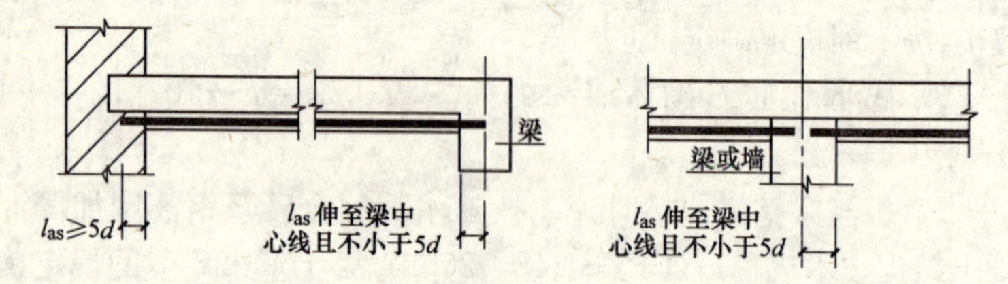

图 3-4-3　板与梁整体连接或连续板下部加固受力钢筋的锚固长度

末端至少应有一根横向钢筋配置在支座边缘内［图 3-4-4（*a*）、（*b*）、（*c*）］；或受力钢筋末端应制成弯钩［图 3-4-4（*d*）、（*e*）、（*f*）］；或加焊附加的横向锚固钢筋［图 3-4-4（*g*）、（*h*）、（*i*）］。

B. 当 $V>0.07f_c bh_0$ 时，配置在支座内的横向锚固钢筋不应少于 2 根，其直径不应小于纵向受力钢筋直径的一半（图 3-4-5）。

④ 若原板底部钢筋＋增加的复合砂浆钢筋总和的 50％已伸入支座锚固，则新增的复合砂浆钢筋可不伸入支座，直接锚固在支座边板底。

（2）附加钢筋

1）对嵌固在承重砖墙内的板，应在板的上部每米长度内配置 5 根直径为 6mm 的构造钢筋（包括弯起钢筋在内），其伸出墙边的长度不应小于 $l_1/7$。对两边均嵌固在墙内的板角部分，应双向配置上部构造钢筋，其伸出墙边的长度不应小于 $l_1/4$（l_1 为单向板的跨度或双向板的短边跨度），如图 3-4-6 所示。

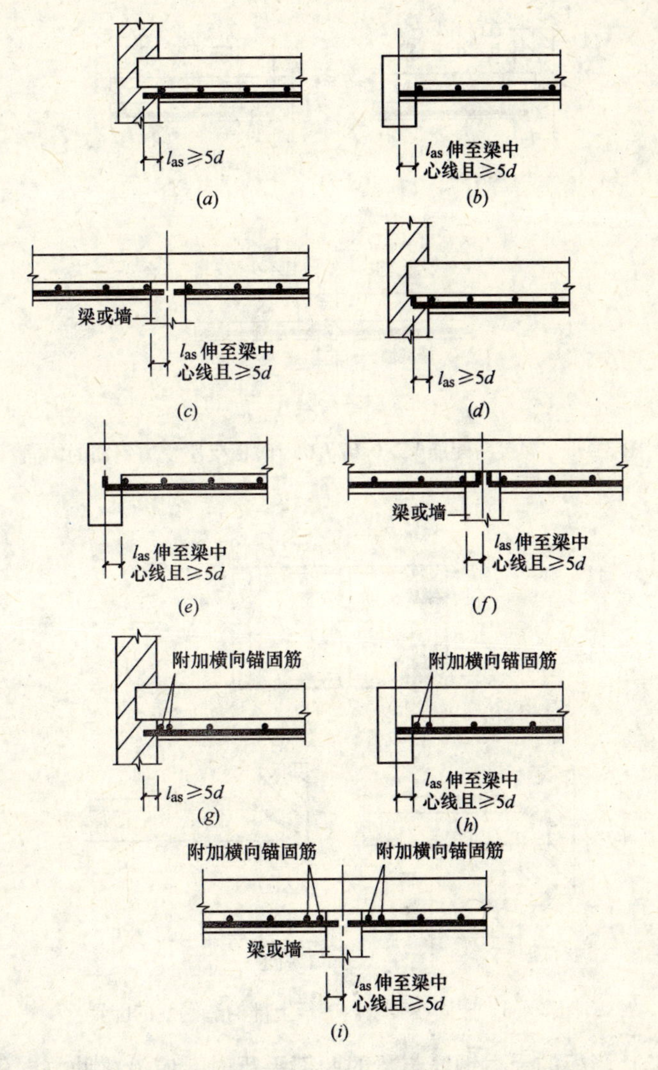

图 3-4-4　焊接网配筋 $V\leqslant 0.07f_{c}bh_{0}$ 时板支座受力钢筋的锚固

2）对嵌固在承重砖墙内的板，沿受力方向配置的上部构造钢筋（包括弯起钢筋）的截面面积不宜小于跨中受力钢筋截面面积的 1/3～1/2，且不得小于 ϕ6@200。

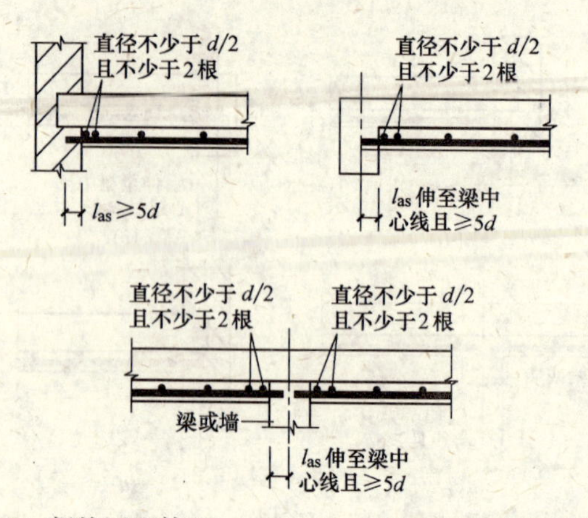

图 3-4-5　焊接网配筋 $V>0.07f_cbh_0$ 时板支座受力钢筋的锚固

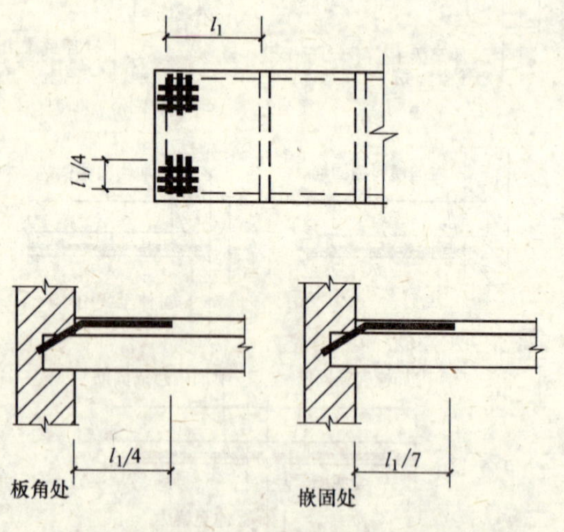

图 3-4-6　嵌固在砖墙内的板上部构造钢筋的配置

3）当板的受力钢筋与梁的肋部平行时，应沿梁肋方向每米长度内配置不少于 5 根与梁肋垂直的构造钢筋，其直径不小于 6mm，且单位长度内的总截面面积不应小于板中单位长度内受力钢筋截面面积的 1/3，伸入板中的长度从肋边算起每边不小于板计算跨度 l_0 的 1/4（图 3-4-7）。

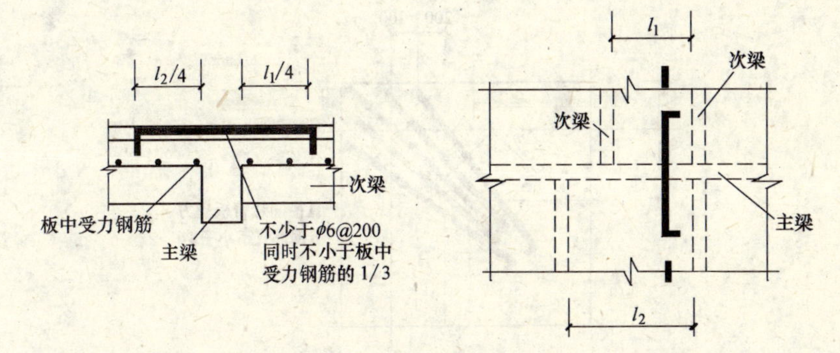

图 3-4-7　板的加固受力钢筋与梁肋部平行时构造钢筋的配置

4）当板的受力钢筋与边梁或墙平行时，应按上述方法同样处理（图 3-4-8）。

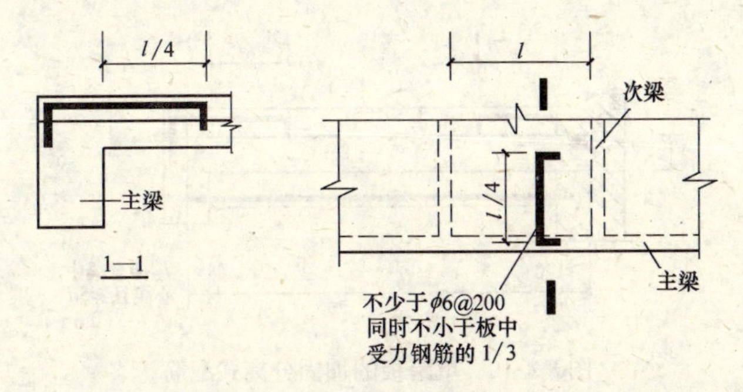

图 3-4-8　板的加固受力钢筋与边梁或墙平行时构造钢筋的配置

5）屋面挑檐转角处应配置放射形构造负筋，其间距在 $l/2$ 处应不大于 200mm，钢筋的锚固长度一般取 $l_a \geqslant l$，如图 3-4-9 所示。钢筋直径与边跨支座的悬臂板受力钢筋相同。

（3）加固单向板的配筋

1）单跨板加固配筋见图 3-4-10。

2）等跨连续板的分离式配筋形式见图 3-4-11。

3）跨度相差不大于 20%的不等跨连续板的分离式配筋形式见图 3-4-12。

板中下部钢筋根据实际长度可以采取连续配筋。

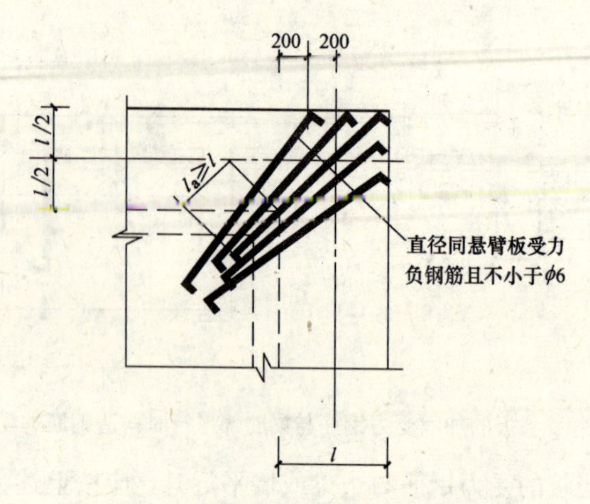

图 3-4-9　屋面挑檐转角处的加固的构造配筋

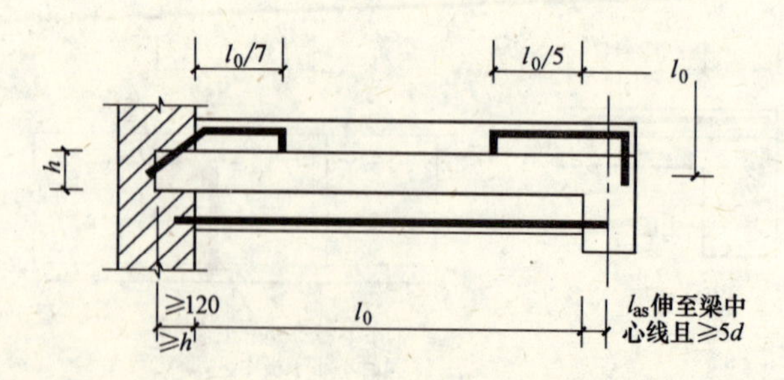

图 3-4-10　单跨板的加固分离式配筋

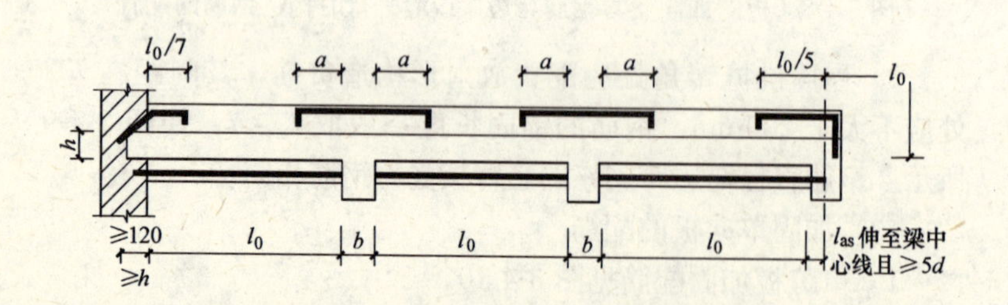

图 3-4-11　等跨连续板的加固分离式配筋

当跨度相差大于 20%时，上部受力钢筋伸过支座边缘的长度 a_i 值，应根据弯矩图确定。

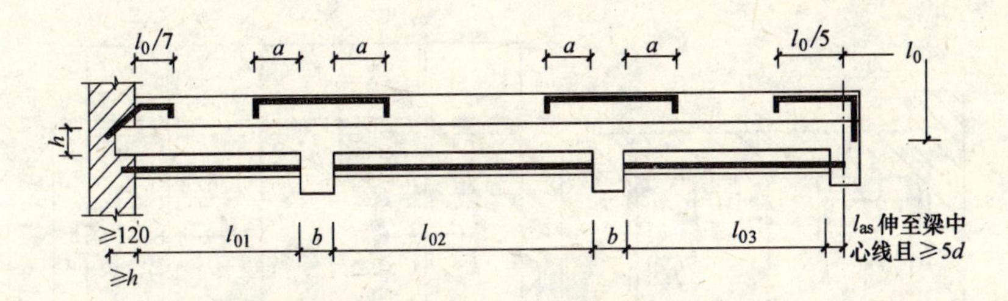

图 3-4-12 跨度相差不大于20%的不等跨连续板的加固分离式配筋

(4) 加固双向板的配筋

1) 板带的划分

① 当双向板的短边跨度 $l_1 \geqslant 2.5$m 时，可将板的两个方向均分为三个板带，两边板带的宽度为短边跨度的 1/4，余下部分为中间板带，见图 3-4-13。中间板带按计算配筋，两边板带的配筋各为其相应中间板带的一半，且每米宽度内不少于 3 根钢筋，见图 3-4-13。

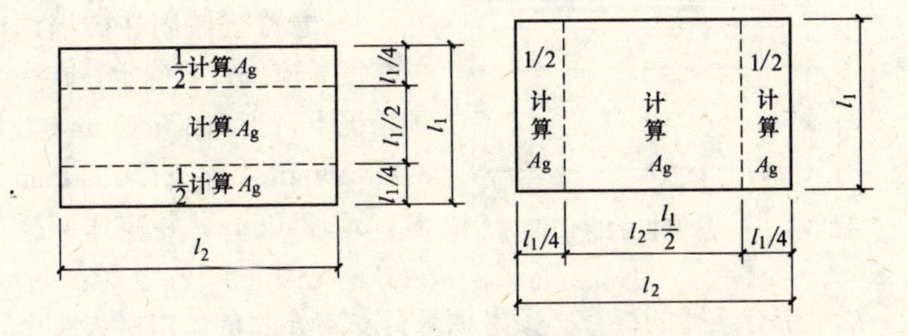

图 3-4-13 双向板的板带划分

② 当双向板的短边跨度 $l_1 < 2.5$m 时，则不分板带，跨中及支座均按计算配筋。

③ 双向板内短边跨度方向的钢筋配置在下面，长边跨度方向的钢筋配置在上面。

2) 分离式配筋

① 单跨双向板的分离式配筋形式见图 3-4-14。

② 连续双向板的分离式配筋形式见图 3-4-15。

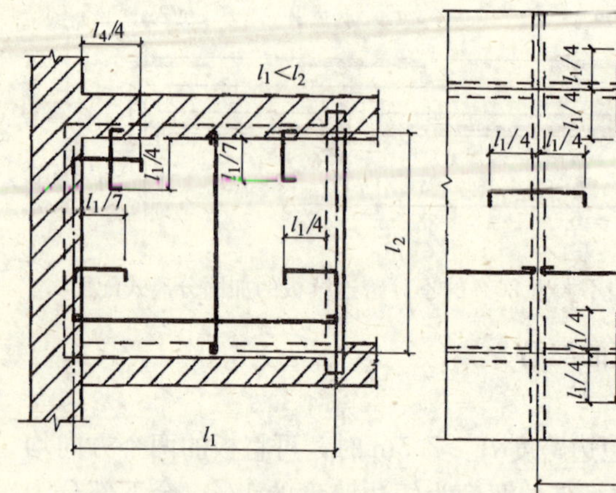

图 3-4-14　单跨双向板的分离式配筋

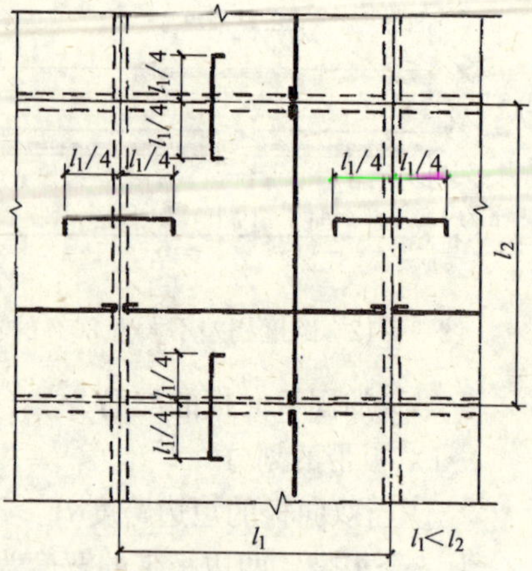

图 3-4-15　连续双向板的分离式配筋

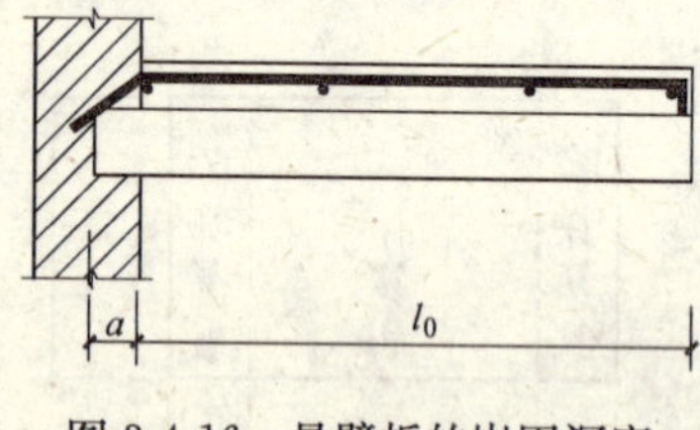

图 3-4-16　悬臂板的嵌固深度

（5）加固悬臂板的配筋

1）悬臂板嵌固在砖墙内的深度 a 应按计算确定，在一般情况下，当 $l_0 \leqslant 500$mm 时，$a \geqslant 120$mm；当 $l_0 > 500$mm 时，$a \geqslant 240$mm，并应作倾覆验算，见图 3-4-16。

2）带有悬臂的板，必须考虑悬臂支座处的负弯矩对板跨中部的影响。如在板跨中部出现负弯矩时，应按图 3-4-17 配置钢筋；如板跨中部不出现负弯矩时，按图 3-4-18 配置钢筋。

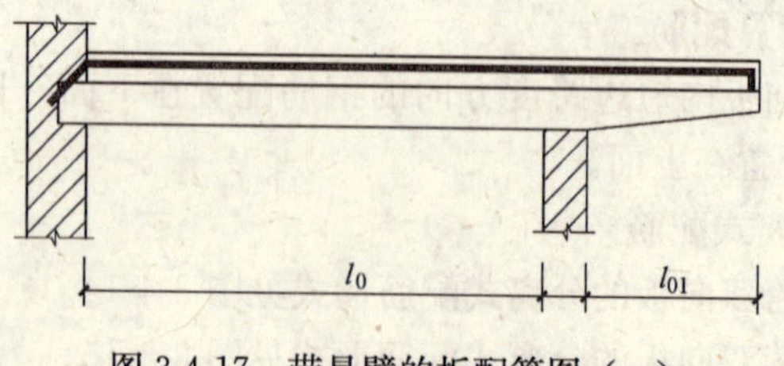

图 3-4-17　带悬臂的板配筋图（一）

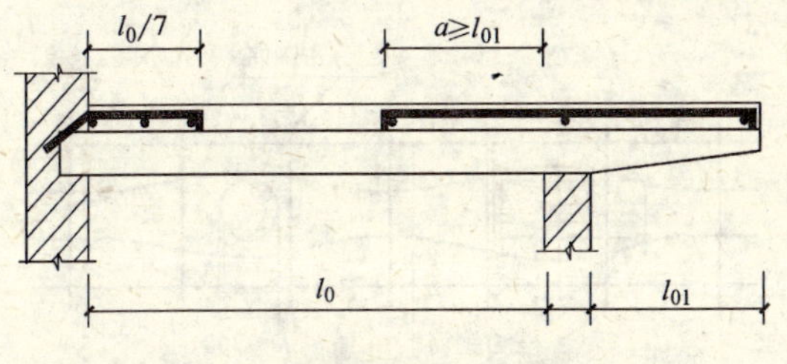

图 3-4-18　带悬臂的板配筋图（二）

3）梁单侧和双侧带悬臂板的配筋分别见图 3-4-19、图 3-4-20。

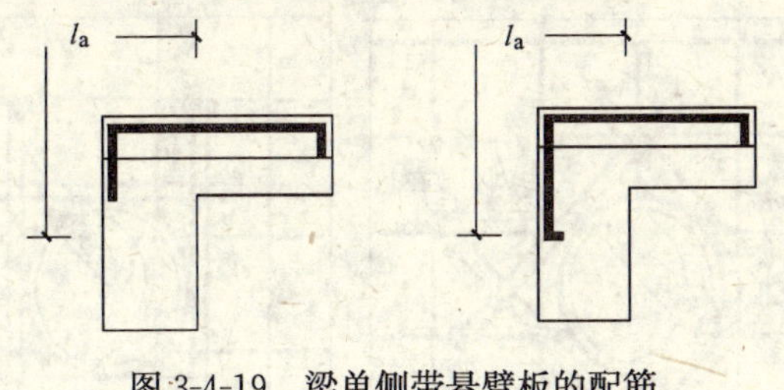

图 3-4-19　梁单侧带悬臂板的配筋

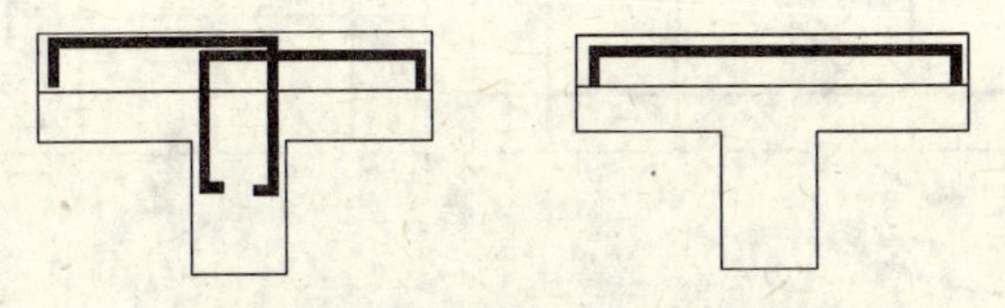

图 3-4-20　梁双侧带悬臂板的配筋

（6）板上开洞的加固

1）当板上圆孔直径 D 及方形孔洞宽度 b（b 为垂直于板跨度方向孔洞宽度）＜300mm 时，按图 3-4-21 所示将受力钢筋绕过孔洞边，不需切断。

2）当 300mm＜D（或 b）$\leqslant$1000mm 时，并在孔洞周边无集中荷载时，应在孔洞每侧配置附加钢筋，其面积应不小于孔洞宽度内被切断的受力钢筋面积的一半，且不小于 2ϕ10。对于圆形孔洞尚应附加 2ϕ8～2ϕ12 的环形钢筋，其搭接长度为 30d［图 3-4-22（a）、（b）］，且圆形洞口应放置放射形钢筋［图 3-4-22（a）、（c）］。矩形孔洞的附加钢筋见图 3-4-23。

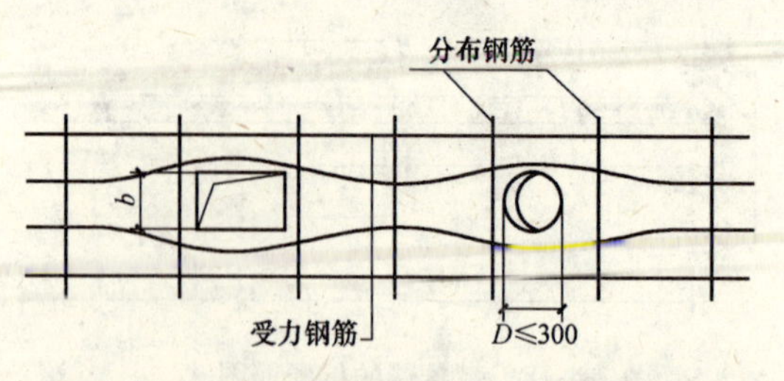

图 3-4-21　板上孔洞小于 300mm 的钢筋加固

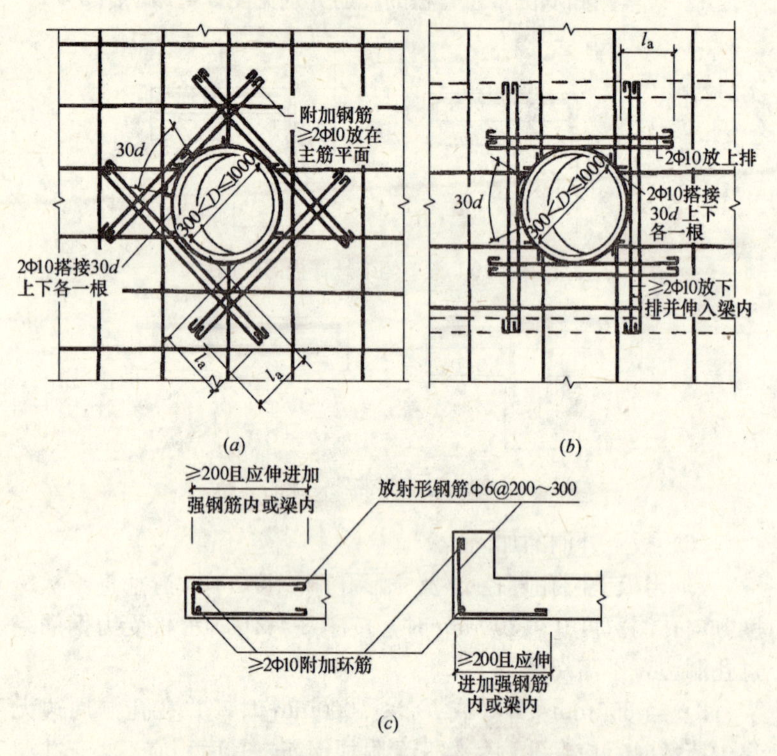

图 3-4-22　300mm<D≤1000mm 的圆形孔洞钢筋的加固

3）当 b（或 D）>300mm 且孔洞周边有集中荷载，或 b（或 D）>1000mm 时，宜在洞边加设边梁，其配筋如图 3-4-24、图 3-4-25 所示。

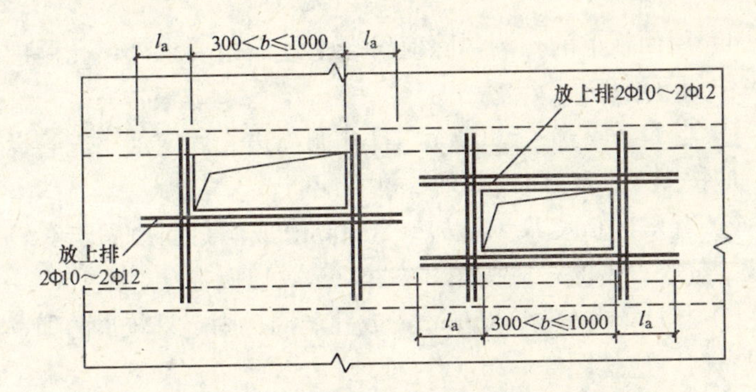

图 3-4-23　300mm<b≤1000mm 的矩形孔洞钢筋的加固

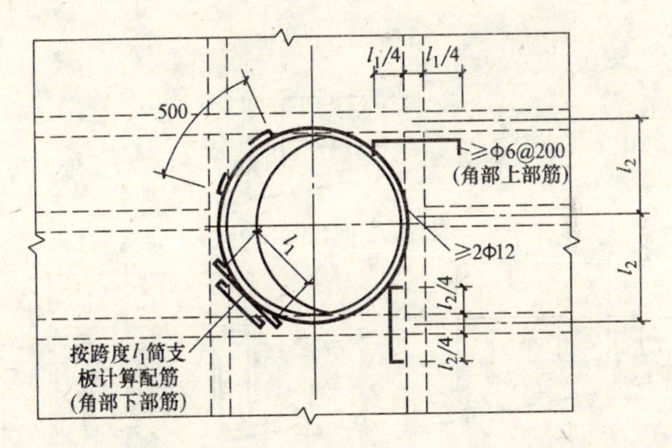

图 3-4-24　圆形孔洞边加设边梁的配筋［$l_1=0.83r$（r为圆孔半径）］

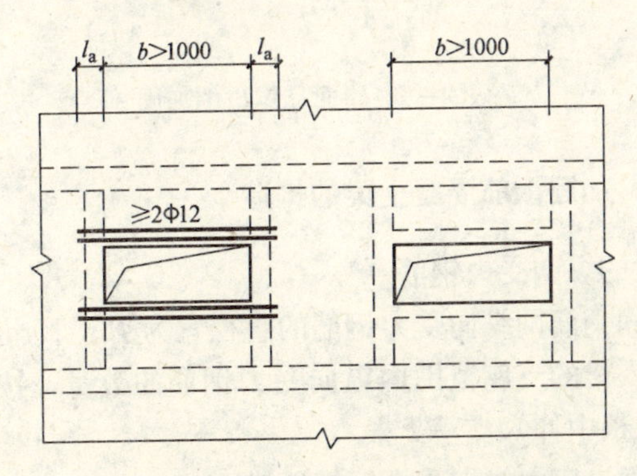

图 3-4-25　方形孔洞边加设边梁的配筋

4）屋面板上的孔洞，除应符合上述三条要求外，孔洞周边尚应作如下处理：

① 当 D（或 b）<500mm，且孔洞周边无固定烟、气管设备时，应按图 3-4-26（a）处理，可不配筋。

② 当 500mm≤D（或 b）<2000mm 或洞口周边固定有轻型的烟、气管设备时，应按图 3-4-26（b）处理。

③ 当 D（或 b）≥2000mm，或孔洞周边固定有较重的烟、气管设备时，应按图 3-4-26（c）处理。

④ 冲洗平台上的孔洞如需起台时，可参考图 3-4-26 处理。

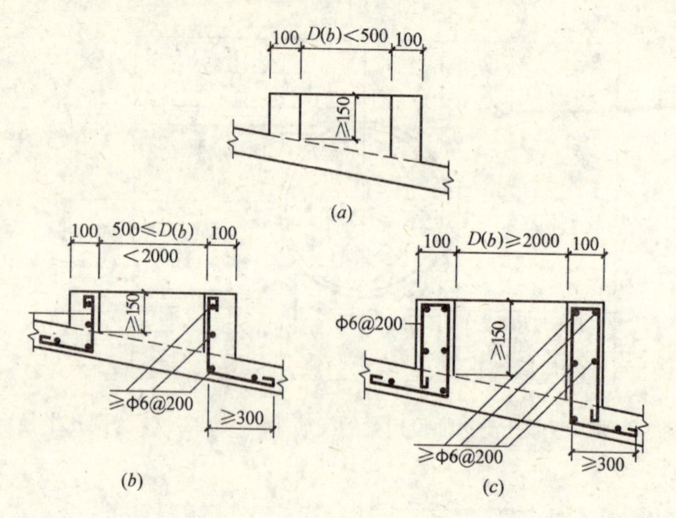

图 3-4-26　屋面孔洞口的加固

3.4.4　加固钢筋混凝土梁的构造

（1）梁的纵向受力钢筋

1）加固钢筋网纵向受力钢筋的直径宜为 ϕ6～10mm。

2）伸入梁的支座范围内纵向受力钢筋的数量，按加固钢筋网纵筋每 2 根中伸入支座 1 根。

3）中间支座上纵向受力钢筋的锚固。

① 连续梁或框架梁的上部纵向钢筋应贯穿其中间支座或中间节点范围。

② 当梁的中间支座下部计算不需设置受压钢筋也不出现正弯矩时，一般将下部纵向受力钢筋伸至支座中心线，且不小于 $V>0.07f_cbh_0$ 时规定的锚固长度 l_{as}，见图 3-4-27。

③ 当梁的中间支座下部计算需配置受压钢筋时，一般将下部纵向受力钢筋伸至支座中心线，且不小于规定的受压钢筋搭接长度 l_{as}（图 3-4-28）。所有伸至支座的纵向钢筋均可在同一截面上搭接。

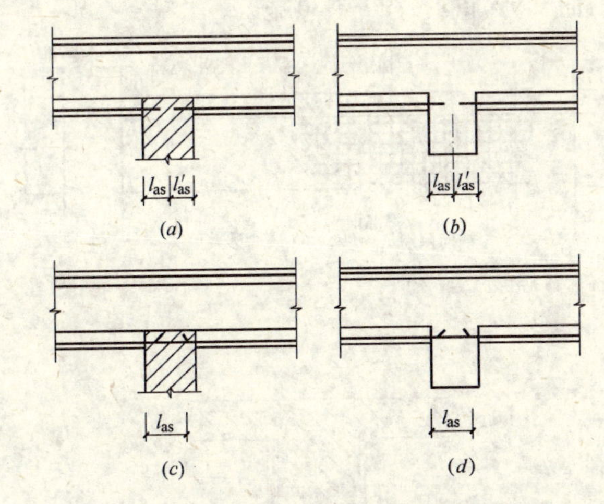

图 3-4-27　中间支座纵向钢筋的锚固（一）

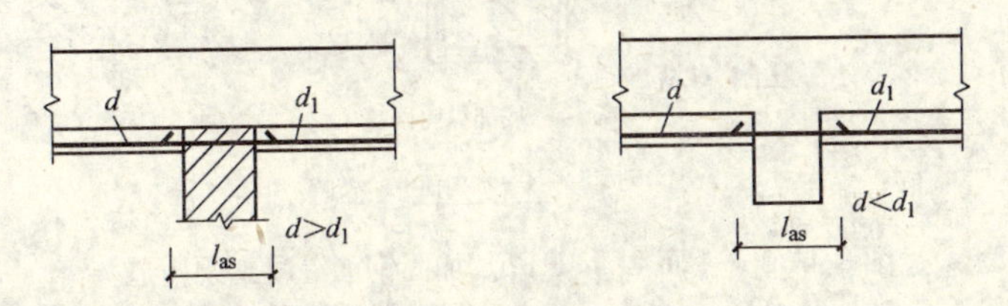

图 3-4-28　中间支座纵向钢筋的锚固（二）

④ 当梁的中间支座下部计算需配置受拉钢筋时，其纵向受力钢筋伸入支座的锚固长度应不小于规定的受拉钢筋的搭接长度

l_{as}，见图 3-4-29。所有伸至支座的纵向钢筋均可在同一截面上搭接。

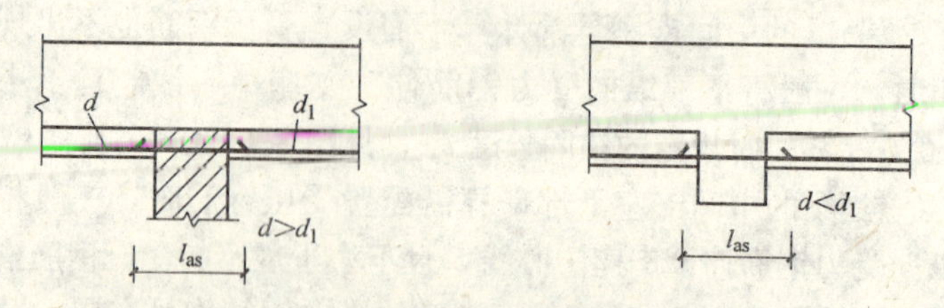

图 3-4-29　中间支座纵向钢筋的锚固（三）

4）三面 U 形加固按图 3-4-30 施工。

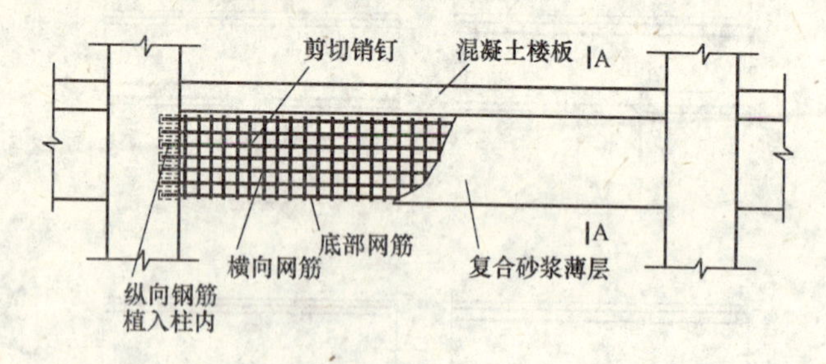

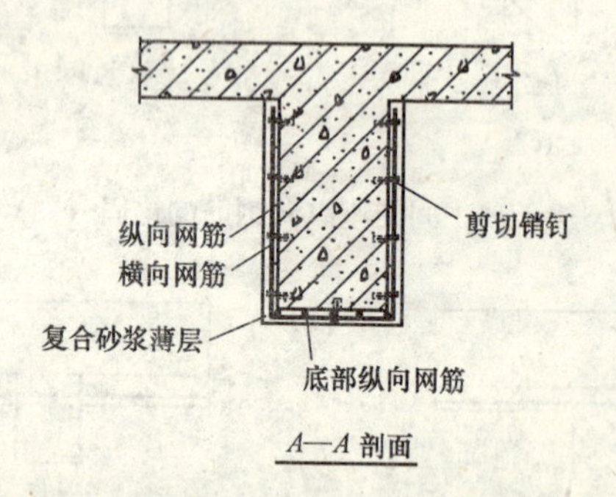

图 3-4-30　三面 U 形 HPFL 加固钢筋混凝土梁构造

5）四面加固时按图 3-4-31 施工。

（2）梁腰孔洞加固

梁腰上的孔洞应做成圆形，且尽可能布置在拉力和剪力较小

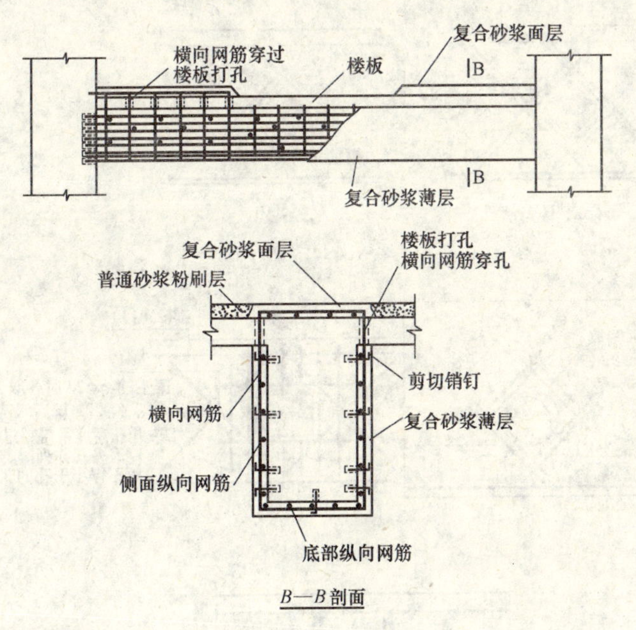

图 3-4-31　四面口形 HPFL 加固钢筋混凝土梁构造

处。在梁两侧沿洞口四周应设置构造钢筋。如果梁由于截面减弱而导致强度降低时，应另行验算。洞底与下部受力钢筋的距离应不小于 50mm，见图 3-4-32。

(3) 加固悬臂梁

1) 悬臂梁的受力加固钢筋应按计算确定，并不少于 2 根，其伸入支座的长度应满足锚固要求。

2) 悬臂梁的弯起钢筋应根据计算确定。如经计算不需要弯起钢筋时，可不配置弯起钢筋，见图 3-4-33。

3) 若配置悬臂梁的弯起钢筋时应不少于 2 根，其直径也不小于 12mm。配置在两侧的 HPFL 中，且根部应穿过上面板，锚固于根部梁、柱中。

3.4.5　加固钢筋混凝土柱的构造

(1) 加固柱的构造要求

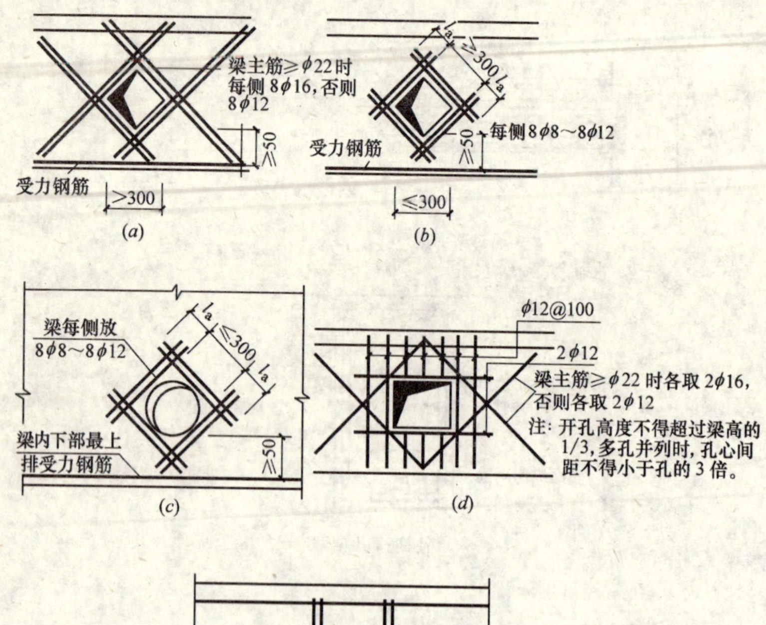

图 3-4-32 梁腰孔洞加固

计算加固柱的承载力及进行加固施工时，应符合下列要求：

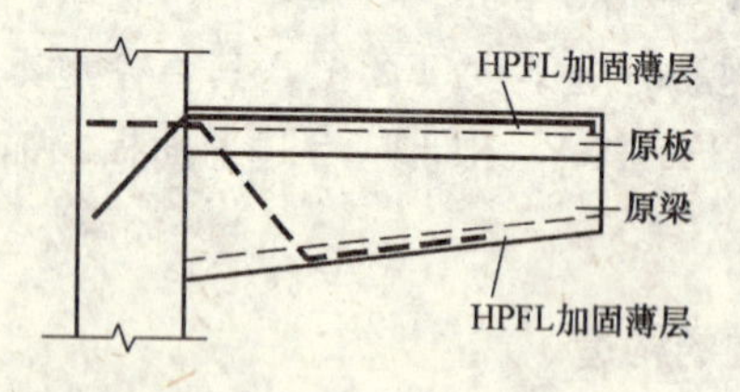

图 3-4-33 悬臂梁的配筋

1）对于轴心受压柱的加固，当柱加固后长细比 $\frac{1}{D+50}>12$ 或 $\frac{1}{D+50}>14$ 时，不考虑横向钢筋网的影响，即取 $\sigma_T=0$；

2）当将轴心受压的方柱

或矩形截面柱加固成圆柱时，应先将四棱角的混凝土保护层全部凿掉，且呈圆弧状。加固层砂浆应通过所支圆模的侧孔压力灌入，对于圆柱或由方柱和矩形截面柱加固成的圆柱，其圆形加固层的横向钢筋网可螺旋式布置；

3）纵向、横向钢筋网宜采用同种类型、同规格的钢筋。纵向钢筋网间距 s_L 不宜小于横向钢筋网间距 s_T，也不宜过大，可取 $s_T \leqslant s_L < 4s_T$；

4）为了避免加固层剥离破坏，除了柱身凿毛、冲刷、界面剂及水泥复合砂浆的使用满足相应的操作规程外，在柱加固层的上、下端的 1.5h 或 1.5d 柱高范围内，横向钢筋网间距应加密，取柱跨中间距 s_T 的 1/2。

（2）柱加固详图

如图 3-4-34 所示。

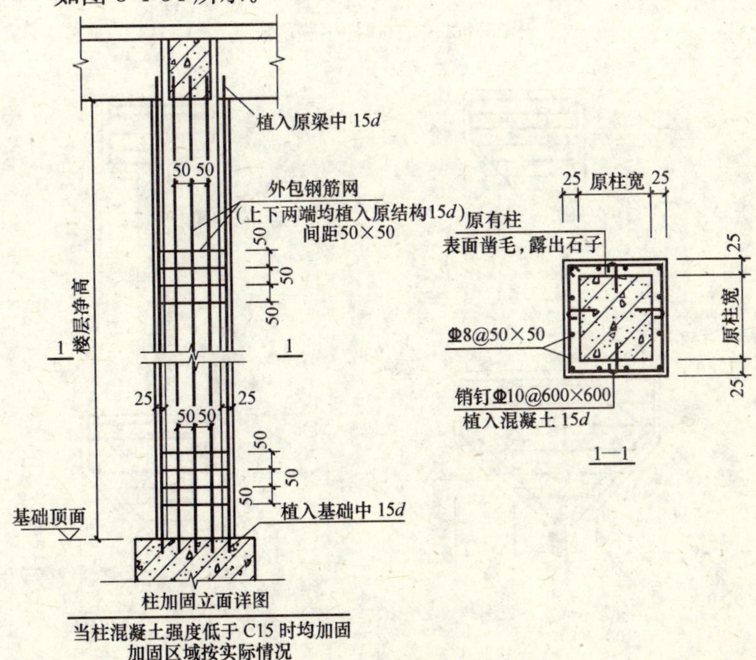

图 3-4-34 柱加固详图

(3) 加固柱牛腿

如图 3-4-35、图 3-4-36 所示。

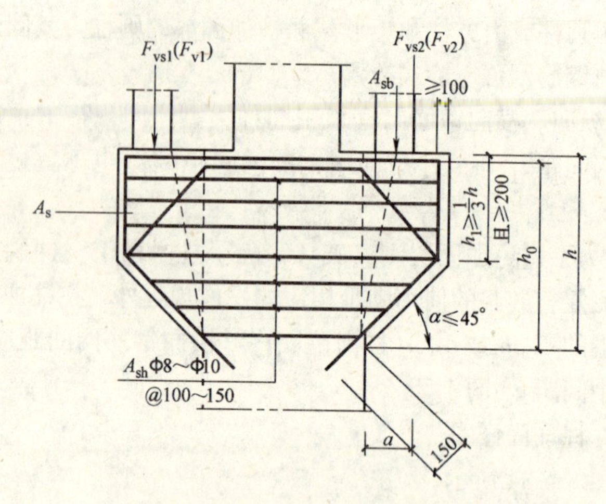

图 3-4-35 中间柱牛腿的配筋

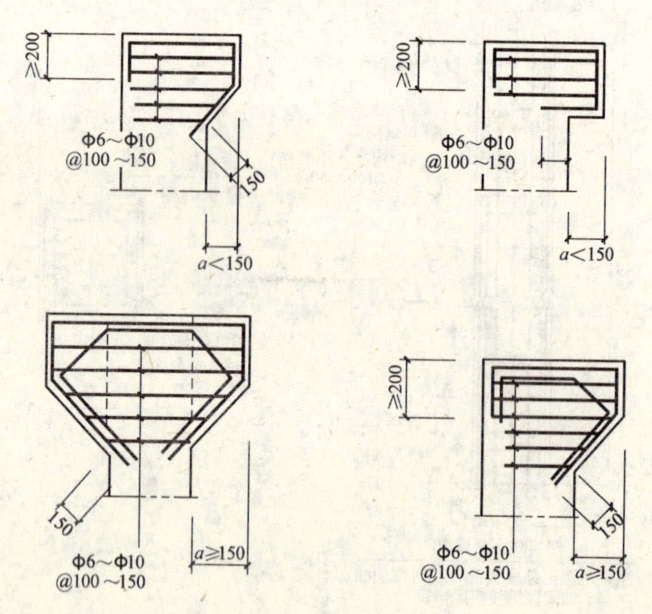

图 3-4-36 柱顶牛腿的配筋

3.4.6 加固梁柱节点的构造

（1）框架柱顶部节点的构造

1）当 $e_0 \leqslant 0.25h$ 时，横梁上加固纵向钢筋应伸进柱内并与柱内钢筋搭接 l_a，如图 3-4-37 所示。

2）当 $0.25h < e_0 \leqslant 0.5h$ 时，横梁上部钢筋应伸进柱内，并应有不少于 2 根钢筋伸过横梁下边 l_a，同时在每一搭接接头内的钢筋根数不应多于 4 根，见图 3-4-38。

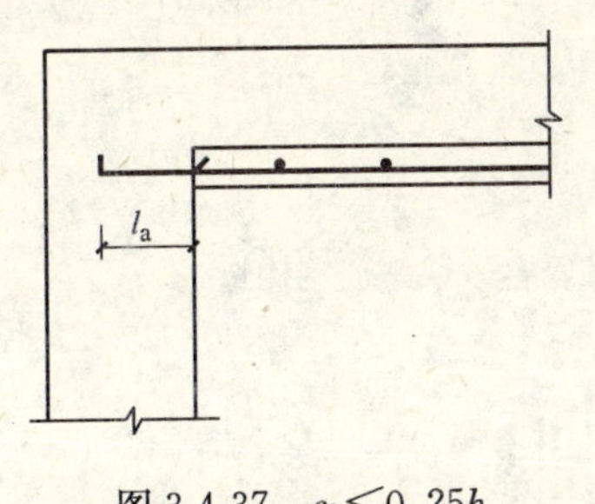

图 3-4-37　$e_0 \leqslant 0.25h$ 时的钢筋搭接

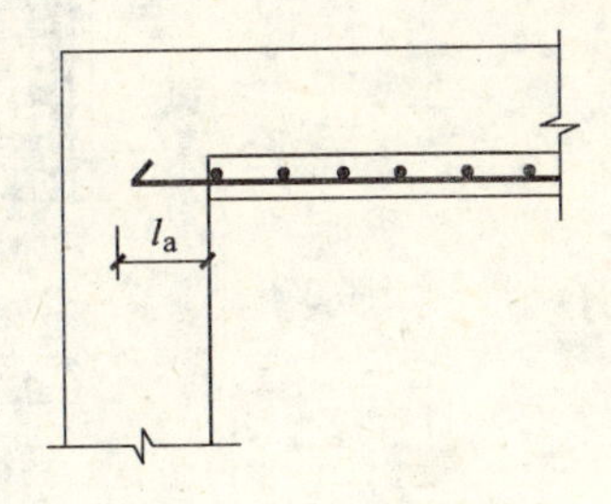

图 3-4-38　$0.25h < e_0 \leqslant 0.5h$ 时的钢筋搭接

（2）框架柱中部节点的构造

1）钢筋混凝土框架节点处的梁、柱表面复合砂浆钢筋网的钢筋宜植入梁端的柱子或柱端的梁体（图 3-4-39～图 3-4-40）；不被梁阻隔的柱角处钢筋网可穿过楼板不截断。

2）当柱截面宽度小于 400mm 时，节点处的梁、柱表面复合砂浆钢筋网的钢筋可弯折锚固于端部的柱、梁表面复合砂浆层内，并用梁、柱端加密箍筋约束弯折的纵向钢筋（图 3-4-41）。

3.4.7 加固钢筋混凝土剪力墙的构造

（1）一般规定

1）钢筋混凝土剪力墙宜采用双面复合砂浆钢筋网加固；当用单面复合砂浆钢筋网加固时，不应考虑加固层参与受压和对原墙体的约束作用。

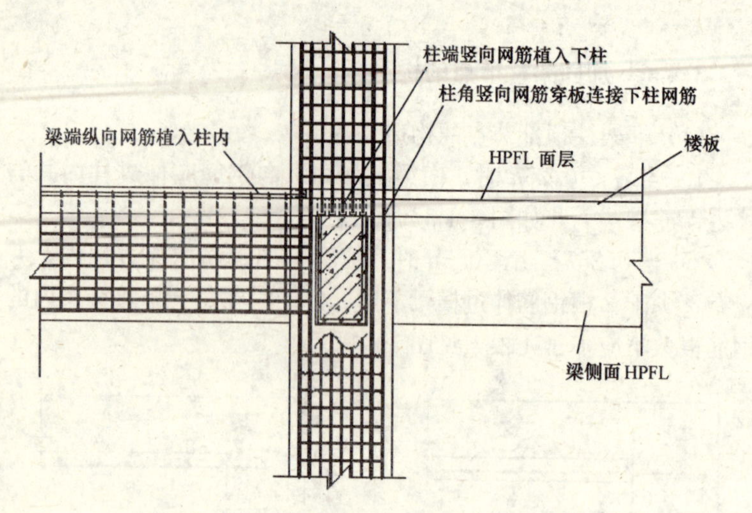

图 3-4-39　节点处的梁、柱复合砂浆钢筋网构造

图 3-4-40　钢筋混凝土梁、柱节点处加固构造

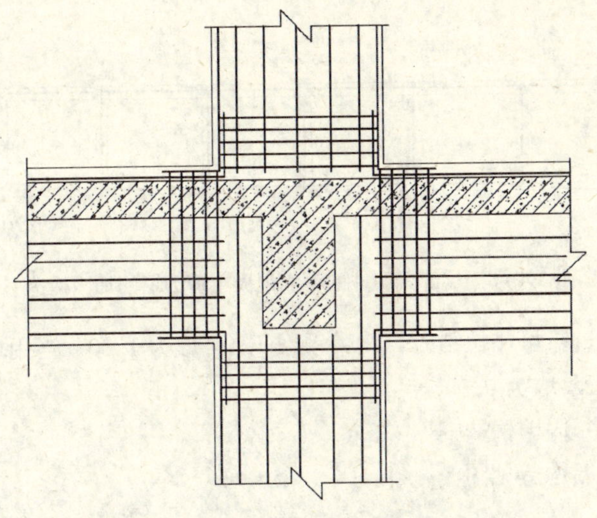

图 3-4-41 柱截面宽度小于 400mm 时节点处的梁、柱复合砂浆钢筋网构造

2）端部有明柱的钢筋混凝土剪力墙采用复合砂浆钢筋网的加固应符合图 3-4-42 所示的构造要求；图 3-4-43 为端部无明柱的钢筋混凝土剪力墙采用复合砂浆钢筋网的加固。

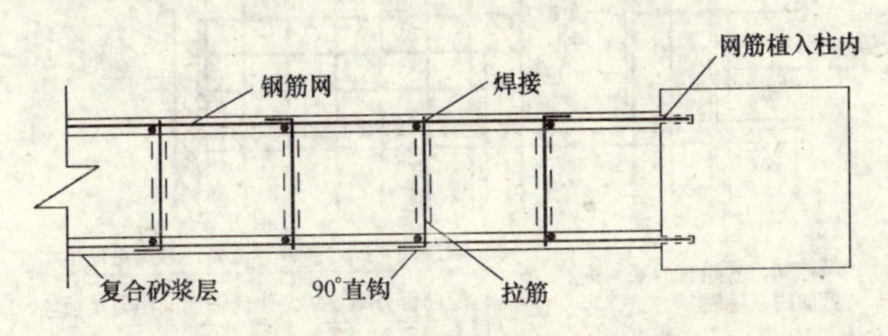

图 3-4-42 端部有明柱的钢筋混凝土剪力墙的加固构造

3）在平行于墙面的水平荷载和竖向荷载作用下，用高性能水泥复合砂浆钢筋网加固的钢筋混凝土剪力墙，宜根据结构分析所得的内力和《水泥复合砂浆钢筋网加固混凝土结构技术规程》(CECS 242：2008）第 5.3.1～5.3.6 条的有关规定，按偏心受压进行正截面承载力计算。当用双面夹心加固，且用拉筋对两面

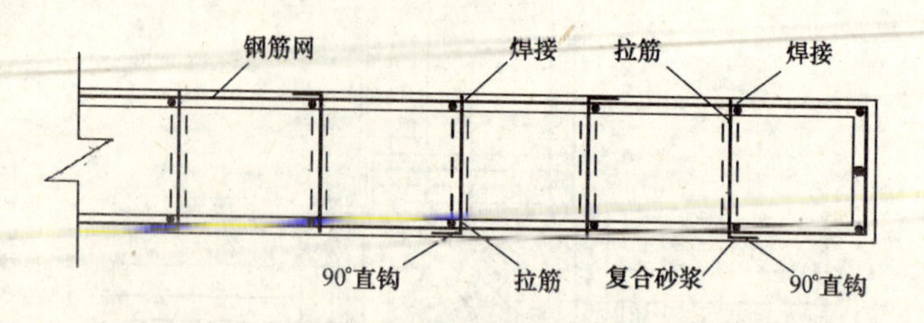

图 3-4-43　端部无明柱的钢筋混凝土剪力墙的加固构造

加固层进行可靠拉结时，约束系数 K_e 可取为 1.00；当用单面加固时，K_e 取为 0.00。

（2）内墙构造

内墙构造见图 3-4-44。

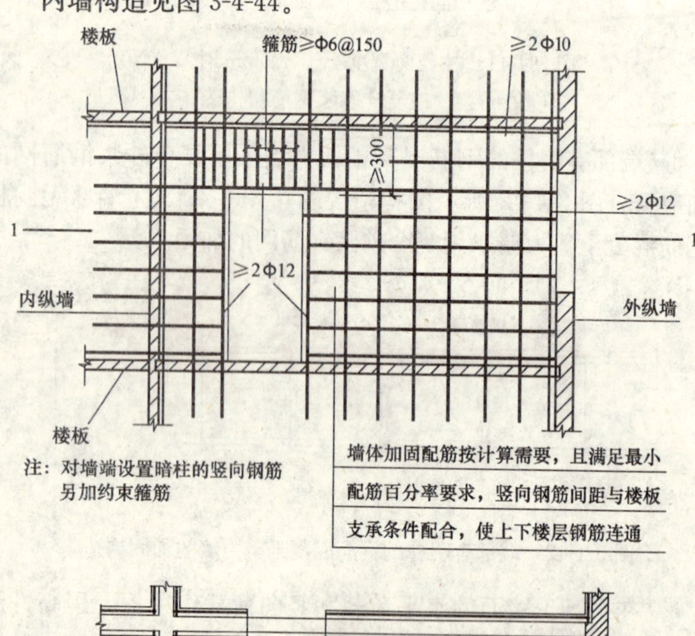

图 3-4-44　现浇钢筋混凝土内墙板

(3) 加固剪力墙连接构造

1）纵、横墙连接构造

纵、横墙的各种形式连接构造分别见图 3-4-45～图 3-4-48。

2）上下楼层墙体连接构造

上下楼层墙体的各种部位连接构造分别见图 3-4-49～图3-4-52。

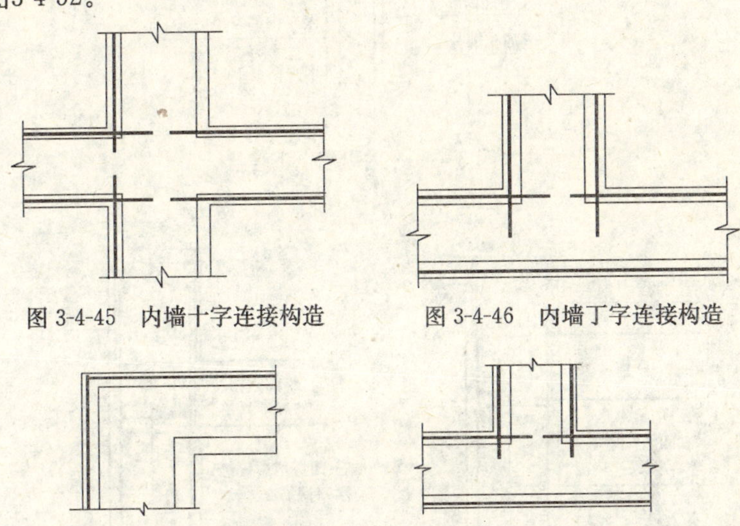

图 3-4-45　内墙十字连接构造

图 3-4-46　内墙丁字连接构造

图 3-4-47　内墙转角连接构造

图 3-4-48　内外墙丁字连接构造

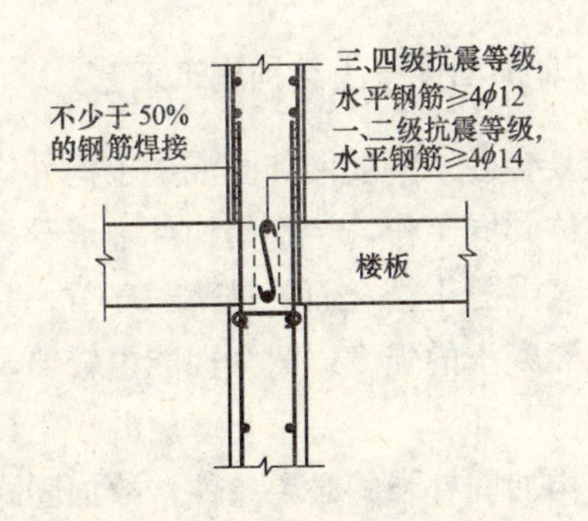

图 3-4-49　内横墙上下连接

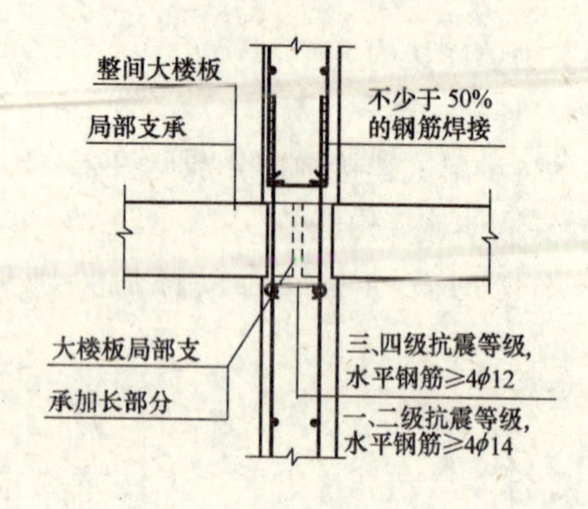

图 3-4-50　内纵墙上下连接

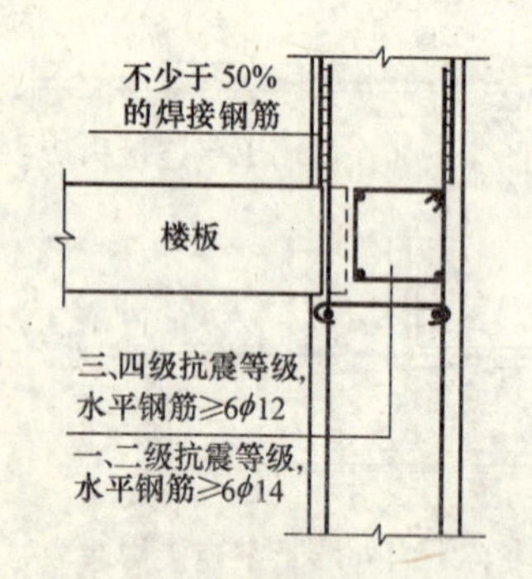

图 3-4-51　外横墙上下连接

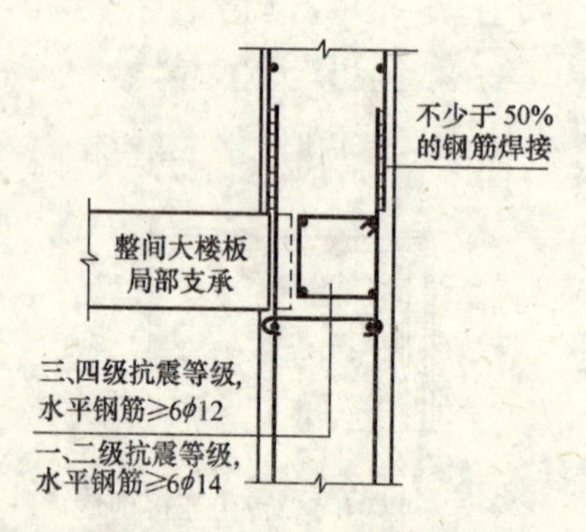

图 3-4-52　外纵墙上下连接

3.4.8　HPFL加固混凝土结构施工工艺

采用高性能复合砂浆钢筋网加固混凝土构件，涉及新老混凝土能否结合为整体共同工作，特别是构件中承受较大剪力和拉力部位的加固，新老混凝土结合面更是薄弱环节，其界面粘结强度一般都低于整浇混凝土的强度，耐久性能也较差，这些部位成为结构构件受力的薄弱环节，还要求与基层混凝土具有良好的粘结力，这是达到结构加固补强的必要条件，故加固施工应有可靠的施工技术措施。

高性能水泥复合砂浆钢筋网薄层加固混凝土结构施工的工序[40]是：①施工准备；②钢筋加工；③原混凝土构件表面处理；④混凝土构件表面植入销钉；⑤绑扎安装钢筋网；⑥涂刷界面剂；⑦抹（喷）复合砂浆；⑧养护。

（1）施工准备工作

高性能复合砂浆钢筋网薄层（HPFL）加固应做如下施工准备工作：首先应认真阅读加固设计施工图，对设计文件中不清楚之处应与设计人员沟通；其次应根据施工现场和被加固混凝土结构构件的实际情况拟订施工方案，确定加固工程施工组织设计；最后应对所使用的界面剂、抗剪销钉、钢筋、复合砂浆材料及机具等做好施工前的准备工作。

（2）钢筋加工

钢筋的调直应按《混凝土结构工程施工质量验收规范》（GB 50204—2002）中5.3.3的规定操作。钢筋网焊接时可采用电阻电焊或氧焊工艺，焊接工艺应符合《钢筋焊接及验收规程》（JGJ 18—2003）的有关规定。加工好的钢筋或钢筋网宜按被加固构件作对应编号分批存放。

当采用冷加工钢筋制作钢筋网时，不宜采用电焊、氧焊等热加工焊接。否则，冷加工钢筋的设计强度只能按HPB235取用。因为当冷加工钢筋制作的钢筋网采用电焊、氧焊等热加工焊接时，焊接处产生退火效应，钢筋延伸率加大，但强度降低。

试验研究表明，承受动力疲劳荷载的构件中的焊接冷加工钢筋，容易在焊接处产生疲劳应力集中而疲劳断裂。因此承受动力疲劳荷载的加固构件，钢筋网不应采用焊接冷加工钢筋。

（3）原混凝土构件表面处理

进行新老混凝土粘结补强加固时，老混凝土的表面状况被认为是影响粘结性能的最重要因素，因此，在浇筑新混凝土之前，应对老混凝土粘结面进行处理，使之形成坚固完整、干净、轻度粗糙的表面，以得到较好的粘结面。

到目前为止国内外还没有相应的规范或规程对新老混凝土粘

结界面的粗糙度处理方法作出明确的规定。在新老混凝土补强加固实践中，已研究并应用了一些方法对新老混凝土粘结界面进行粗糙度处理，如：人工凿毛法、高压水射法、机械刻痕法、喷砂法、喷气法、气锤凿毛法、化学腐蚀法等，其中人工凿毛法和高压水射法是常用的两种处理方法。目前，常用粗糙度评定方法为对于粗糙处理后的老混凝土粘结界面，如何定量评定其表面粗糙程度，并使其满足良好的界面粘结性能，是新老混凝土粘结性能评价及预测的关键。目前常用的方法有：灌砂法、粗糙度测定仪法、分数维法、硅粉堆落法、粗骨料暴露比例法及观察法等。灌砂法以其简单易行的特点而应用最广。

Ichiro ADACHI 等采用高压水射法处理老混凝土表面，提出了一种简单实用的平均深度量测法：用四片塑料板环绕着混凝土处理面，使塑料板的最高平面和处理的凸部的最高点齐平，往其中浇灌标准砂超过处理面且和塑料板顶面抹平。处理的平均深度可用下面公式计算：

平均深度＝标准砂的总重量/(试件横截面积×标准砂密度)

于跃海、袁群等采用自制的分维仪，采用功率谱法分维、高差法分维和变步距法分维对粗糙度进行研究。研究表明，这三种方法都适用于粘结面粗糙度的定量评估，且高差法分维更适用于在工程中应用。

钢筋网加固混凝土结构表面处理的目的是：除去妨碍粘结表面的疏松层和污染物；增加被粘物的表面积，提高粘结力；改变被粘物表面化学结构，提高表面能，以便增加新老混凝土的粘结力。由于在结构构件的表面常常存在灰尘、砂土、油污等情况，在粘贴钢筋网加固之前，必须对构件表面进行处理。

根据构件表面的新旧程度、坚实程度、干湿程度，分别按以下方法对被加固构件的结合表面进行处理。

对于很旧很脏的混凝土构件的粘结面，当其表面有旧涂层、植物生长、烟垢或其他污物时，则先应用非金属砂，如河砂、硅砂、碳化硅或氧化铝干法喷砂吹除，或用硬毛刷粘高效洗涤剂刷除表面油垢；或用铁锤和凿子借人力对新老混凝土粘结面敲打，使其表面形成随机的凹凸不平状，增加粘结面的粗糙程度，人工凿毛后，用真空吹去或刮出块状物，或用清洁压缩空气吹掉灰尘和颗粒。如果混凝土表面不是很脏很旧，则可直接对构件进行人工凿毛（图 3-4-53）。

（4）混凝土构件表面植入销钉

老混凝土内植入销钉的目的是提高混凝土与复合砂浆薄层界面的抗剪能力，根据试验结果，销钉基本锚固深度不应小于 $5d$，同时不应小于 50mm，为保证混凝土粘结破坏锥体的完整性，应避免应力锥重叠，从而降低锚固作用。根据试验结果销钉间的间距不宜小于销钉埋入深度的 2 倍，同时不应小于 100mm，销钉与构件边缘的距离应保证在 50mm 以上，销钉直径越大，在满足植筋深度的前提下，锚固力趋于提高，销钉数量越多，锚固力越强，同时销钉在界面上分布越均匀，越有利于界面粘结。这使得界面摩擦阻力和机械咬合力得到充分发挥，也利于提高延性（图 3-4-54）。

图 3-4-53　混凝土构件表面处理图

图 3-4-54　混凝土构件植入销钉图

销钉施工工艺如下：①准备工作。主要准备销钉及胶，销钉直径一般为 6～10mm，成品形状为“L”形，外露出原构件表面长度小于 20mm，胶采用无机植筋胶；②按设计要求在原构件上对需植销钉的位置划线定点；③钻孔，采用电锤钻孔，钻孔直径为钢筋直径加 6mm；④清孔，用高压空气压缩机对钻孔进行清孔；⑤注入无机植筋胶，植入钢筋；⑥养护，无机植筋待胶终凝后需进行浇水养护，养护不少于 3d；⑦抗拔试验验证植筋施工质量。

加固方案中其他部位的植筋要求必须符合设计要求和相关规程要求。

一般在销钉植入 24h 后进行下一道工序的施工。

抗剪销钉应采用带肋钢筋；抗剪销钉植筋可采用有机材料植筋或无机材料植筋；当有防火要求时宜优先采用无机材料植筋。

用有机结构胶植抗剪销钉时植入深度宜不小于 $5d$（d 为销钉直径），且不应小于 40mm。

用无机材料植抗剪销钉时植入深度宜不小于 $8d$（d 为销钉直径），且不应小于 60mm。

钢筋混凝土板底加固时，抗剪销钉植入深度应在上述规定的基础上增加 $3d$（d 为销钉直径）。

抗剪销钉的间距应不小于销钉植入深度的 2 倍。销钉与试件边缘的距离应不小于 60mm。当按构造（不需按计算）设置抗剪销钉时，其间距不应大于钢筋网同方向间距的 3 倍，销钉直径不小于 6mm。

（5）绑扎安装钢筋网

按照设计要求在混凝土构件上绑扎钢筋处定位放线，在原构件表面进行钢筋网绑扎，最好是部分点焊，首先将钢筋网固定在抗剪销钉上，再绑扎其他钢筋，钢筋网的网格间距尺寸、钢筋种类、大小、位置以及与原混凝土表面的距离都应满足设计要求及构造要求。用于加固后的钢筋网直径为 $\phi4 \sim \phi10$，钢筋种类为 HPB235、HRB335 及 HRB400。钢筋直径不宜超过 10mm，但梁底部纵筋直径可适当加大，钢筋尽量选用抗拉强度较高的 HRB400。钢筋的品种、性能应符合设计要求，钢筋进场时，应按现行国家标准规定抽取试件作力学性能复验，质量必须符合标准要求，做到先送检后使用，验收合格后方能使用，钢筋应按设计要求的尺寸进行下料。

按照设计要求放线定位后，在原构件表面进行钢筋网的绑扎，对于绑扎网应先用钢丝交叉绑扎，将钢筋固定于销钉上，再绑扎其他位置的钢筋，靠近外围的两行应全部扎牢，中间部分可交错间隔固定。钢筋网与销钉固定除采用钢丝交叉扎牢外，也可以采用点焊固定（图 3-4-55）。

图 3-4-55　绑扎安装钢筋网

（6）涂刷界面剂

复合砂浆薄层与老混凝土只有共同工作，才能保证加固效果，故界面施工质量是关键，复合砂浆薄层与老混凝土界面采用的方法为老构件上进行表面处理，在抹复合砂浆之前涂界面剂。

目前市场上界面剂种类繁多，选择界面剂，其新老结构界面粘结强度值应在 2.0MPa 左右，应按界面剂的使用要求进行操作。

涂界面剂按如下步骤施工：首先按产品使用说明书配制界面剂；其次在混凝土构件表面涂界面剂，在涂界面剂前混凝土构件表面应提前 24h 洒水充分湿润，洒水量的上限是构件表面没有明显的水珠，如果一次洒水过多，应等待水珠完全被构件吸收，对老混凝土表面进水浸水处理的作用是有利于新水泥浆水化物的形成；第三是界面剂涂刷应均匀，界面剂涂刷后应在 30min 内抹完复合砂浆。

（7）抹（喷）复合砂浆

复合砂浆的配制应满足设计要求及施工质量验收规范要求，抹复合砂浆施工宜在环境温度 5℃以上进行，冬期施工应采取防冻措施，抹复合砂浆前混凝土构件应充分湿润，钢筋网施工质量经隐蔽工程验收，界面剂涂刷完后 10min，宜手工用力将复合砂浆抹在构件混凝土表面，一般分 3 次抹灰，第一次抹灰应用力将复合砂浆塞满钢筋网格，第二次抹灰为初步找平，第三次抹灰为表面层，复合砂浆总厚度为 20～25mm，几次抹灰的间隙应为砂浆的初凝与终凝之间，复合砂浆每抹完一层后必须用木抹子纵横方向反复搓毛复合砂浆表面，层面在初凝后压光，并保证表面平整度满足施工质量验收规范要求（图 3-4-56）。

图 3-4-56 混凝土构件抹复合砂浆

采用喷射工艺喷涂复合砂浆后，最后表面也应手工再压光 2 遍，以增强密实度。

(8) 养护

复合砂浆抹完后，应及时采取有效的养护。

1) 室内施工后，宜将门窗关闭，以免通风过强造成表面干裂，室外构件要采取措施防止烈日曝晒，宜设有专门人员负责养护。

2) 应在抹砂浆完毕后 24h 以内对复合砂浆进行终凝后保湿养护。

3) 浇水次数应能保持复合砂浆处于湿润状态，复合砂浆拌制用水与养护用水相同。一般室内每天浇水 2～3 遍，室外每天 3～6 遍。

4) 当日平均气温低于 5℃时，不得浇水。当复合砂浆表面不便浇水或使用塑料布覆盖时，宜涂刷养护剂。

3.5 HPFL 加固砌体结构构造措施及施工工艺

3.5.1 材料及一般规定

(1) 配置高性能复合砂浆采用的水泥

高性能水泥复合砂浆常用的水泥按表 3-5-1 选用。

常用水泥选用表　　表 3-5-1

序号	工程特点和所处环境条件	优先选用	可以选用	不得使用
1	一般的地上土建工程	普通硅酸盐水泥 混合硅酸盐水泥	矿渣硅酸盐水泥 火山灰质硅酸盐水泥	
2	在气候干热地区施工的工程	普通硅酸盐水泥	矿渣硅酸盐水泥	火山灰质硅酸盐水泥 矾土水泥
3	地下室加固工程	火山灰质硅酸盐水泥 矿渣硅酸盐水泥 抗硫酸盐硅酸盐水泥	普通硅酸盐水泥	
4	在严寒地区施工的加固工程	高强度等级普通硅酸盐水泥 快硬硅酸盐水泥 特快硬硅酸盐水泥	矿渣硅酸盐水泥 矾土水泥	火山灰质硅酸盐水泥
5	严寒地区水位升降范围内的加固工程	高强度等级普通硅酸盐水泥 快硬硅酸盐水泥 特快硬硅酸盐水泥 抗硫酸盐硅酸盐水泥	矾土水泥	火山灰质硅酸盐水泥 矿渣硅酸盐水泥
6	早期强度要求较高的加固工程	高强度等级普通硅酸盐水泥 快硬硅酸盐水泥 特快硬硅酸盐水泥	高强度等级水泥矾土水泥	火山灰质硅酸盐水泥 矿渣硅酸盐水泥 混合硅酸盐水泥
7	耐酸防腐蚀加固工程	水玻璃耐酸水泥	硫磺耐酸胶结料	耐铵聚合物胶凝材料
8	耐铵防腐蚀加固工程	耐铵聚合物胶凝材料		水玻璃型耐酸水泥 硫磺耐酸胶结料
9	耐火加固工程	低钙铝酸盐耐火水泥	矾土水泥 矿渣硅酸盐水泥	普通硅酸盐水泥
10	防水、抗渗加固工程	硅酸盐膨胀水泥 石膏矾土膨胀水泥	自应力(膨胀)水泥 普通硅酸盐水泥 火山灰质硅酸盐水泥	
11	防潮加固工程	防潮硅酸盐水泥	普通硅酸盐水泥	

续表

序号	工程特点和所处环境条件	优先选用	可以选用	不得使用
12	紧急抢修和加固工程	高强度等级水泥 浇筑水泥 快硬硅酸盐水泥	矾土水泥 硅酸盐膨胀水泥 石膏矾土膨胀水泥	火山灰质硅酸盐水泥 矿渣硅酸盐水泥 混合硅酸盐水泥
13	有耐磨性要求的加固工程	高强度等级普通硅酸盐水泥 (≥32.5号)	矿渣硅酸盐水泥 (≥32.5号)	火山灰质硅酸盐水泥
14	保温隔热工程	矿渣硅酸盐水泥 普通硅酸盐水泥	低钙铝酸盐耐火水泥	

注：各种结构构件所需的水泥品种，一般不在图纸上注明，有特殊要求时，需注明。

(2) 钢筋

1) 钢筋的种类、强度和弹性模量

钢筋的种类、强度标准值、强度设计值和弹性模量分别见表3-5-2～表3-5-4。

钢筋强度标准值 (N/mm²)　　表 3-5-2

钢筋种类		f_{yk}或f_{ptk}
热轧钢筋	HPB235(Q235)	235
	HRB335(20MnSi)	335
	HRB400(20MnSiV，20MnSiNb，20MnTi)	400
	RRB400(K20MnSi)	400
热处理钢筋	40Si2Mn (d=6) 48Si2Mn(d=8.2) 45Si2Cr(d=10)	1470

注：当采用直径大于40mm的钢筋时，应有可靠的工程经验。

钢筋强度设计值 (N/mm²)　　表 3-5-3

钢筋种类		符号	f_y或f_{py}	f'_y或f'_{py}
热轧钢筋	HPB235(Q235)	Φ	210	210
	HRB335(20MnSi)	Φ	300	300

续表

钢筋种类		符号	f_y 或 f_{py}	f'_y 或 f'_{py}
热轧钢筋	HRB400(20MnSiV，20MnSiNb，20MnTi)	Ф	360	360
	RRB400(K20MnSi)	$Ф^R$	360	360
热处理钢筋	40Si2Mn (d=6) 48Si2Mn(d=8.2) 45Si2Cr(d=10)	$Ф^{HT}$	1040	400

注：在钢筋混凝土结构中，轴心受拉和小偏心受拉构件的钢筋抗拉强度设计值大于 300N/mm² 时，仍应按 300N/mm² 取用。

钢筋弹性模量（N/mm²） **表 3-5-4**

钢筋种类	E_s
HPB235 级钢筋	2.1×10^5
HRB335 级钢筋、HRB400 级钢筋、RRB400 级钢筋、热处理钢筋	2.0×10^5

2）钢筋使用时的有关规定

① 下列情况，不得采用冷拉和冷拔钢筋作受力钢筋：

• 环境计算温度低于－30℃的结构；

• 预制构件的吊环。

② 下列情况，复合砂浆钢筋网不宜采用冷拉钢筋作非预应力钢筋，若采用时不得利用其冷拉强度：

• 受压钢筋；

• 严格控制裂缝的砌体结构。

③ 使用冷拔低碳钢丝时，应遵守下列规定：

• 甲级低碳冷拔钢丝主要用于预应力小型构件；乙级低碳冷拔钢丝用于焊接骨架、焊接网、绑扎骨架，绑扎网、箍筋及构造筋；

• 处于有侵蚀性介质的结构如无特殊措施者，不得采用冷拔低碳钢筋做预应力钢筋；

• 有不透水性要求的砌体结构，不宜采用冷拔低碳钢丝。

（3）焊条

1）低碳钢及低合金高强钢焊条（简称结构焊条）的质量应符合现行国家标准《碳钢焊条》(GB/T 5117)。

2）焊条选用应符合表 3-5-5 的规定。

钢筋电弧焊焊条型号 **表 3-5-5**

钢筋牌号	电弧焊接头形式			
	帮条焊 搭接焊	坡口焊 溶槽帮条焊 预埋件穿孔塞焊	窄间隙焊	钢筋与钢板搭接焊 预埋件 T 型角焊
HPB235	E4303	E4303	E4316 E4315	E4303
HRB335	E4303	E5003	E5016 E5015	E4303
HRB400	E5003	E5503	E6016 E6015	E5003
RRB400	E5003	E5503	—	—

当采用冷加工钢筋制作钢筋网时，不宜采用电焊、氧焊等热加工焊接。否则，冷加工钢筋的强度设计值应按冷加工前母材的物理指标取用。

承受动力疲劳荷载的加固构件，钢筋网不应采用焊接冷加工钢筋。

（4）钢筋的高性能水泥复合砂浆保护层

受力钢筋的砂浆保护层最小厚度（从钢筋的外边缘算起）应符合表 3-5-6 的规定，且不应小于受力钢筋的直径。

砂浆保护层最小厚度（mm） **表 3-5-6**

环境条件	构件名称		砂浆强度等级		
			≤M20	M25 及 M30	≥M35
室内正常环境	墙	加固厚度 $h \leqslant 25mm$	10		
		加固厚度 $h > 25mm$	15		
露天或室内高湿度环境	墙		25	15	15

注：1. 属于露天或室内高湿度环境一栏的构件系指直接雨淋的构件，无围护结构房屋的构件，经常受蒸汽或凝结水作用的室内构件（如浴室等）以及与土层直接接触的构件。

2. 分布钢筋的保护层厚度不应小于 10mm。

3. 要求使用年限较长的重要建筑物和受沿海环境侵蚀的建筑物的承重结构，当处于露天或室内高湿度环境时，其保护层厚度应适当增加。

4. 有防火要求的建筑物，其保护层厚度尚应符合国家现行有关防火规范的规定。

（5）高性能水泥复合砂浆

1）高性能水泥复合砂浆的基本要求为：

① 应符合设计强度及建筑物耐久性的要求；

② 应具有早强、高强、高耐久性、高体积稳定性、高抗裂性；

③ 应具有良好的和易性、合适的稠度和足够的保水性。

2）高性能水泥复合砂浆的强度等级

用符号 M（Mortar）表示，加固砌体结构用复合砂浆强度等级一般为 M15、M20、M25、M30 等，一般比原砌体结构砌筑砂浆强度等级高两级以上。

3）确定高性能水泥复合砂浆强度等级时，采用的砂浆试块底模应采用同类加固构件作底模。

3.5.2 抗剪销钉的构造

（1）抗剪销钉植筋可采用有机材料植筋或无机材料植筋，当有防火要求时宜优先采用无机材料植筋。

（2）抗剪销钉植入深度应符合下列要求：

1）用有机结构胶植抗剪销钉，植入深度不应小于 $5d$（d 为销钉直径），且不应小于 40mm；

2）用无机材料植抗剪销钉，植入深度不应小于 $8d$，且不应小于 60mm；

3）抗剪销钉的间距不应小于销钉植入深度的 2 倍，销钉与试件边缘的距离不应小于 60mm。

（3）当按构造（不需按计算）设置抗剪销钉时，其间距不应大于钢筋网同方向间距的 3 倍，销钉直径不应小于 4mm。

（4）对于空斗墙砌体的加固，抗剪销钉应植入丁砖内。

3.5.3 加固砌体砖墙的构造

（1）本书提出了两种不同的复合砂浆钢筋网薄层条带加固砌体结构的方法，一种为复合砂浆钢筋网薄层充当圈梁构造柱的加固方法；另一种为复合砂浆钢筋网薄层剪刀撑加固法。如图 3-5-1所示。

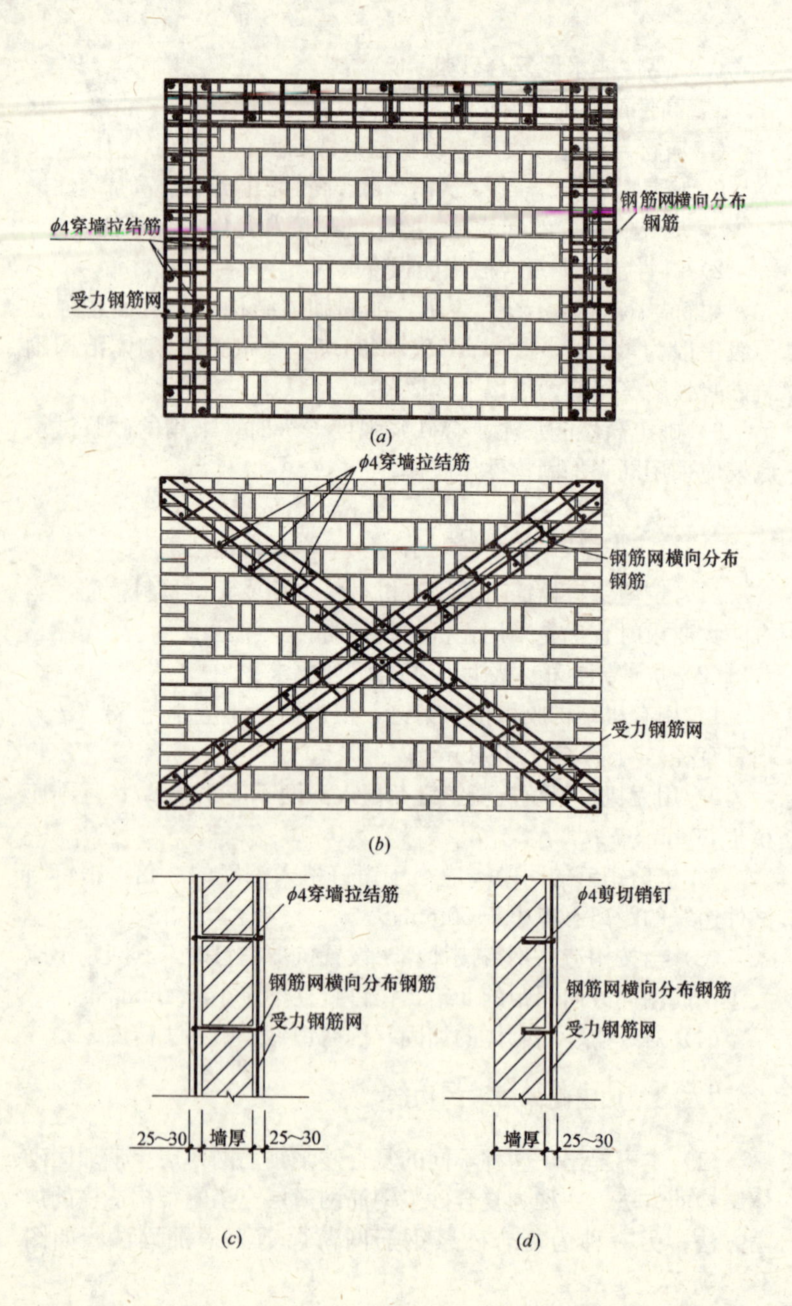

钢筋网横向分布
钢筋
ϕ4穿墙拉结筋
受力钢筋网
(a)
ϕ4穿墙拉结筋
钢筋网横向分布
钢筋
受力钢筋网
(b)
ϕ4穿墙拉结筋
钢筋网横向分布钢筋
受力钢筋网
25～30
墙厚
25～30
ϕ4剪切销钉
钢筋网横向分布钢筋
受力钢筋网
墙厚
25～30
(c)
(d)

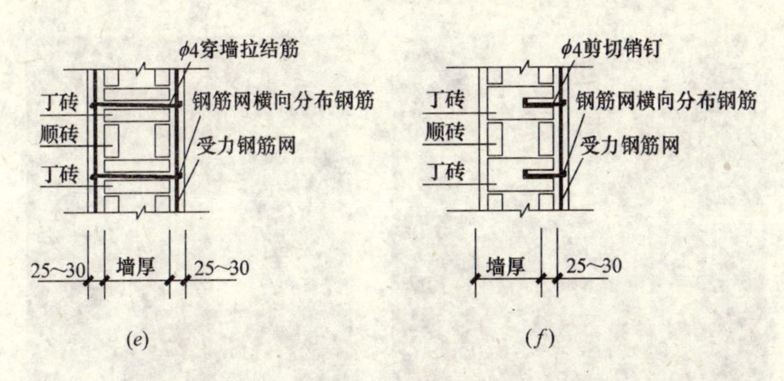

图 3-5-1　复合砂浆钢筋网剪刀撑、圈梁构造柱加固砌体结构示意图
(*a*) 复合砂浆钢筋网薄层圈梁构造柱加固；(*b*) 复合砂浆钢筋网薄层剪刀撑加固；(*c*) 眠墙双面加固；(*d*) 眠墙单面加固；(*e*) 空斗墙双面加固；(*f*) 空斗墙单面加固

(2) 砌体砖墙的加固宜根据原墙体的破坏程度以及不同地区地震设防烈度分别采用双面或单面复合砂浆钢筋网圈梁构造柱、剪刀撑加固；当用单面复合砂浆钢筋网加固时，不应考虑加固层参与受压和对原墙体的约束作用。具体加固设计形式参见本书3.3节有关内容。

(3) 上述条带宽度以200～300mm为宜，受力钢筋网间距根据设计要求宜为50～100mm，架立钢筋间距一般取250～300mm。钢筋网在墙面的固定应平整牢固，与墙面净距宜不小于5mm，网外表保护层厚度应不小于10mm。抗剪销钉布置成梅花形，且每平方米不少于6个。复合砂浆薄层厚度一般宜为25～30mm。见图3-5-2所示。

(4) 钢筋网在底部要植入底梁内，楼面处要穿越楼板连接，使得加固层形成一个整体而不被分割。复合砂浆钢筋网加固砌体结构在墙底处、楼板处和屋面处做法见图3-5-3所示。

(5) 用HPFL剪刀撑加固遇洞口节点，加固构造如图3-5-4所示。

图 3-5-2 复合砂浆钢筋网剪刀撑、圈梁构造柱加固砌体结构

(6) 用 HPFL 圈梁加固砌体结构在十字形接口处、T 形接口处和拐角处构造详图见图 3-5-5～图 3-5-8。

3.5.4 复合砂浆钢筋网加固砌体砖墙施工工艺

高性能水泥复合砂浆钢筋网加固效果的好坏与钢筋网高性能水泥复合砂浆层和砌体之间的粘结性能的优劣是紧密联系的。试验研究证明，用钢筋网进行加固时，砌体构件的破坏形态与未加固砌体构件的破坏形态有所不同，如果钢筋网没有采取其他锚固措施，会发生剥离现象。这与用碳纤维布加固的构件和用高性能水泥复合砂浆加固混凝土结构的剥离破坏形态有相似之处，在这种破坏形态下，钢筋网也像碳纤维布一样，应力并未达到其抗拉强度，甚至还在较低的水平上。但与碳纤维布破坏又有所不同，钢筋网砂浆薄层剥离时构件不马上破坏，仍能承担较大荷载，在荷载没有多大变化情况下，剥离不断深化，而碳纤维布中的这种破坏很突然，属于脆性破坏。但钢筋网砂浆层发生这种破坏时加固效果也大幅度降低，如何控制剥离破坏的发生成为研究应用钢筋网加固砌体结构技术中的一个重要问题。本节在以前对混凝土结构粘结破坏机理研究的基础上对这种破坏形态进行初步的分析，再进一步提出施工工艺。

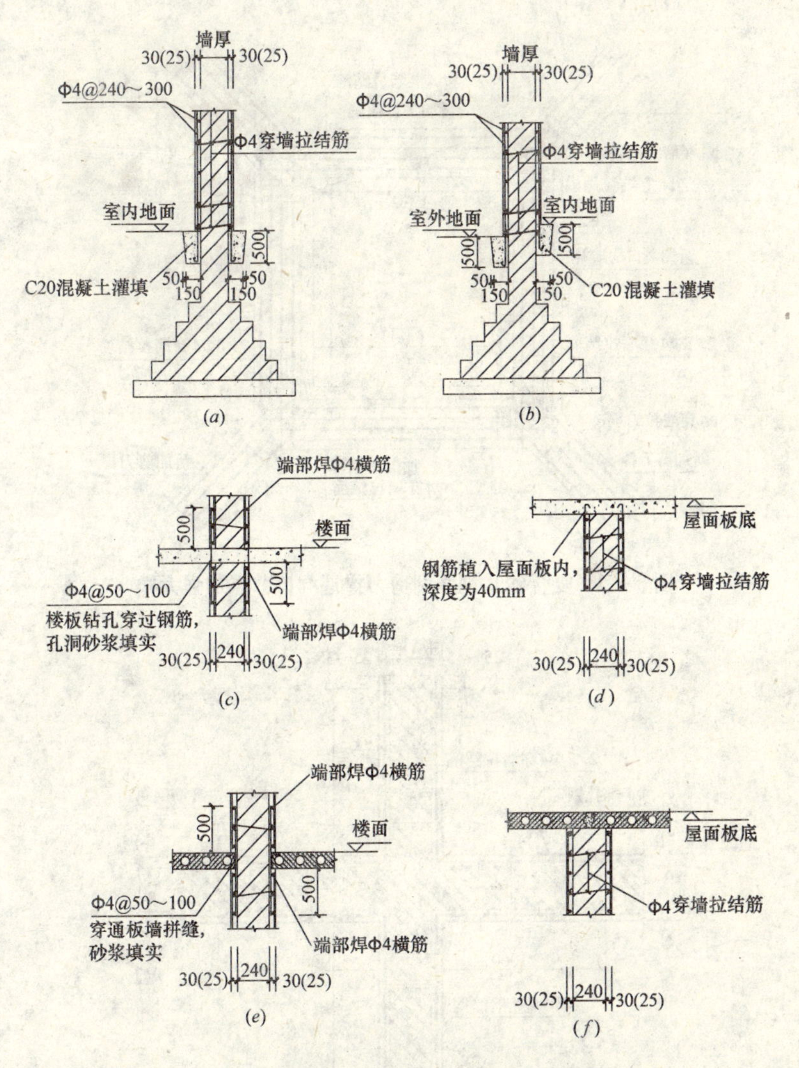

图 3-5-3　HPFL 剪刀撑、圈梁构造柱加固砌体结构
在墙底处、楼面处和屋面处构造

(*a*) 内墙底部做法；(*b*) 外墙底部做法；(*c*) 楼面处做法（现浇板）；
(*d*) 屋面处做法（现浇板）；(*e*) 楼面处做法
（空心板）；(*f*) 屋面处做法（空心板）

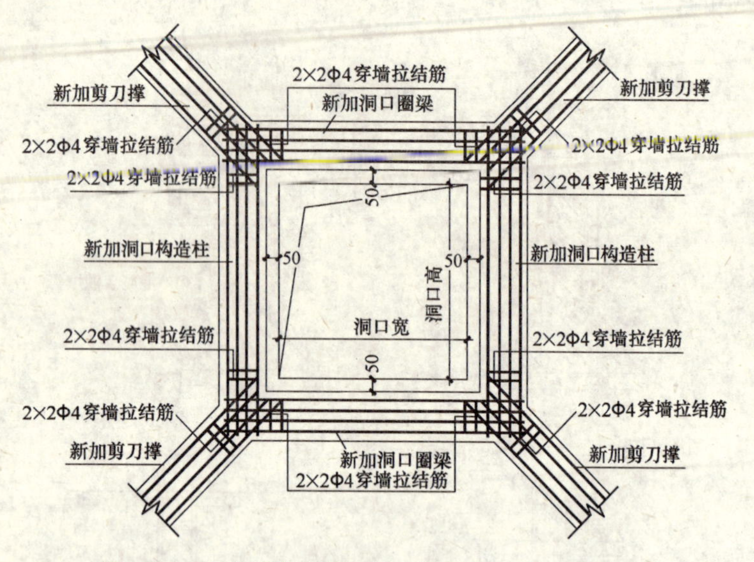

图 3-5-4　复合砂浆钢筋网剪刀撑遇洞口节点加强大样

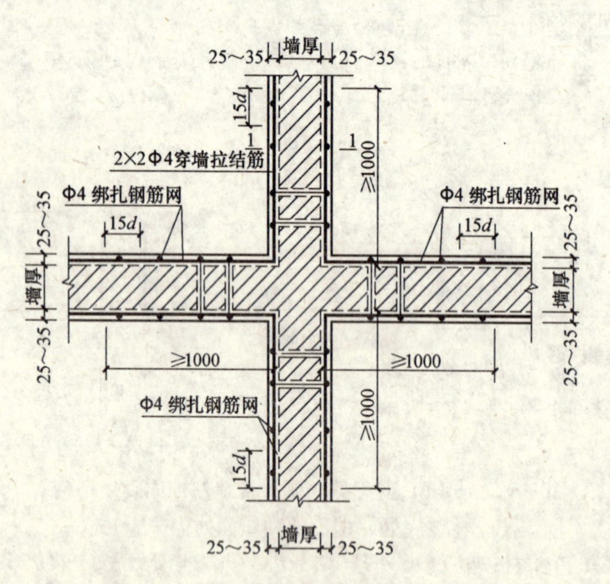

图 3-5-5　复合砂浆钢筋网圈梁（双面）
钢筋在十字形接口的构造

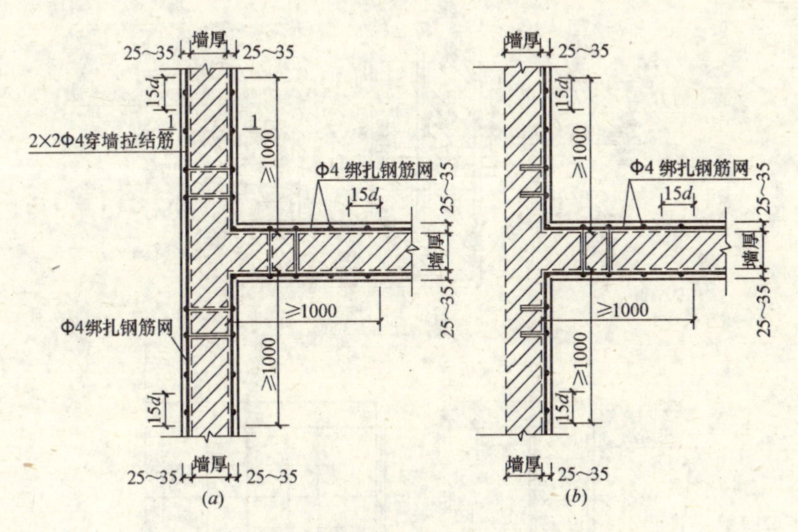

图 3-5-6 复合砂浆钢筋网圈梁钢筋在T形接口的构造

(*a*) 复合砂浆钢筋网圈梁钢筋（双面）在T形接口的构造；

(*b*) 复合砂浆钢筋网圈梁钢筋（单面）在T形接口的构造

（1）粘结面的表面处理

目前，表面处理的方法有：人工凿毛法；钢刷刷毛法；喷丸（砂）法；高压水射法。

1）人工凿毛法

此方法是实际工程中常用的一种界面粗糙度处理方法，是用铁锤和凿子借人力对原砌体构件粘结面进行敲打，使其表面形成随机的凹凸不平状，增加粘结面的粗糙程度。此方法的优点是施工技术简单，不需大型昂贵的机械设备，工程造价较低。其缺点是不便于大面积机械化施工，且在原砌体构件粘结面产生扰动，产生附加微裂缝。

2）钢刷刷毛法

对原砌体构件粘结面，钢刷刷毛法只能对其作轻度处理，实际上只是作表面清理，用该法清理的表面粘结性能差。

3）喷丸（砂）法

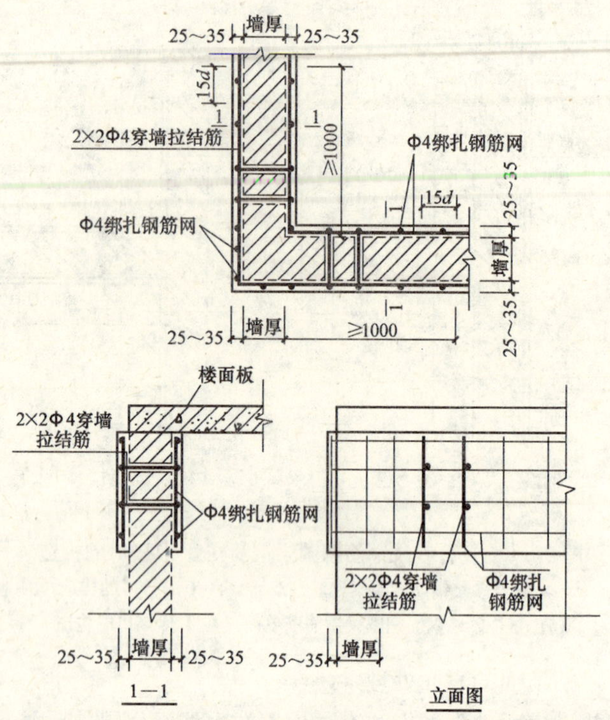

图 3-5-7　复合砂浆钢筋网圈梁钢筋（双面）在拐角处的构造

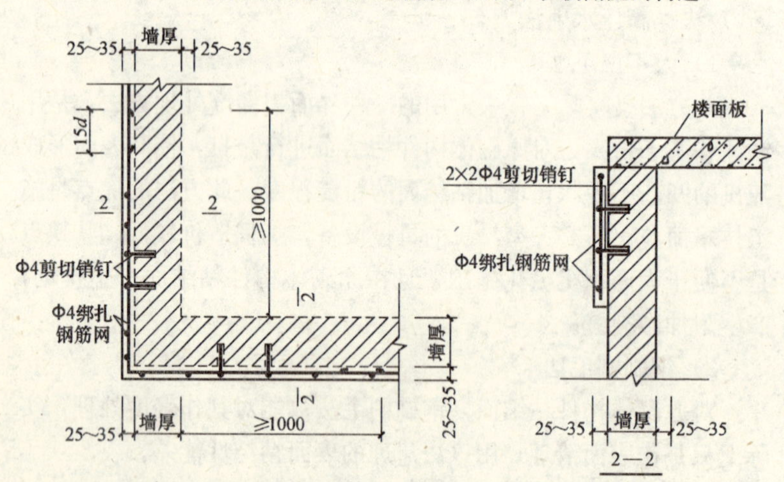

图 3-5-8　复合砂浆钢筋网圈梁钢筋（单面）在拐角处的构造

该方法是用喷射机向原砌体构件粘结面喷射不同直径的钢球或不同粒径的小碎石，控制其喷射速度和喷射密度，可以喷射出不同粗糙度的粘结面。

4）高压水射法

为得到干净、理想的结合面，高压水射法是最好的方法。该方法具有许多优点：工作进行迅速，有成效，没有振动、噪声和灰尘。此外，使用该法处理原砌体构件表面，不扰动周围保留的砌体，同时砌体表面被清洁干净、湿润，这是获得良好粘结的最有利条件。更重要的一点是，高压水射法适用于任何情况，在有钢筋的情况下，不但不会损伤钢筋且能为钢筋除锈。

5）凿毛机凿毛法

为了提高凿毛效率，长沙磊鑫土木技术有限公司开发了可装在任意冲击电锤上使用的凿毛头，使用该机具可提高效率数倍，将大面积加固面凿毛成Ⅰ、Ⅱ、Ⅲ级凿毛度。

（2）施工工艺

采用高性能复合砂浆钢筋网加固砌体构件，涉及复合砂浆与原砌体能否结合为整体共同工作，特别是构件中承受较大剪力和拉力部位的加固，复合砂浆与原砌体结合面更是薄弱环节，其界面粘结强度一般都低于新抹复合砂浆的强度，耐久性能也较差，这些部位成为结构构件受力的薄弱环节。此外，还要求加固层与原砌体构件具有良好的粘结力，这是达到结构加固补强的必要条件，故加固施工应有可靠的施工技术措施。

高性能水泥复合砂浆钢筋网薄层加固砌体结构施工的工序是：①施工准备；②钢筋加工；③原砌体构件表面处理；④砌体构件表面植入销钉；⑤绑扎安装钢筋网；⑥涂刷界面剂；⑦ 抹复合砂浆；⑧养护。

1）施工准备

高性能复合砂浆钢筋网加固应做如下施工准备工作：首先应认真阅读加固设计施工图，对设计文件中不清楚之处应与设计人员沟通；其次应根据施工现场和被加固砌体结构构件的实际情况拟订施工方案，确定加固工程施工组织设计；最后应对所使用的界面剂、抗剪销钉、钢筋、复合砂浆材料及机具等做好施工前的准备工作。

2）钢筋加工

钢筋的调直应按《混凝土结构工程施工质量验收规范》（GB 50204—2002）中5.3.3条的规定操作。钢筋网焊接时可采用电阻电焊或氧焊工艺，焊接工艺应符合《钢筋焊接及验收规程》（JGJ 18）的有关规定。加工好的钢筋或钢筋网宜按被加固构件作对应的编号分批存放。

当采用冷加工钢筋制作钢筋网时，不宜采用电焊、氧焊等热加工焊接。否则，冷加工钢筋的设计强度只能按HPB235取用。因为当冷加工钢筋制作的钢筋网采用电焊、氧焊等热加工焊接时，焊接处产生退火效应，钢筋延伸率加大，但强度降低。

试验研究表明，承受动力疲劳荷载的构件中的焊接冷加工钢筋，容易在焊接处产生疲劳应力集中而导致疲劳断裂。因此承受动力疲劳荷载的加固构件，钢筋网不应采用焊接冷加工钢筋，如图3-5-9所示。

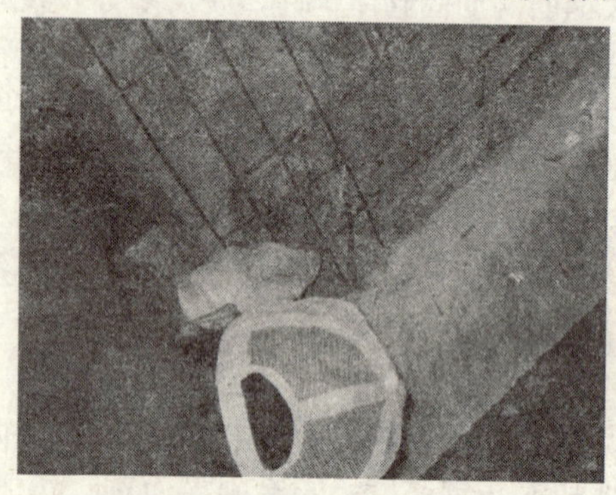

图3-5-9　焊接钢筋网

3）原砌体构件表面处理

进行老砌体粘结补强加固时，砌体的表面状况被认为是影响粘结性能的最重要因素。因此，在粉抹复合砂浆之前，应对原砌体粘结面进行处理，使之形成坚固完整、干净、轻度粗糙的表面，以得到较好的粘结面。

到目前为止，国内外还没有相应的规范或规程对砌体加固粘结界面的粗糙度处理方法作出明确的规定。在砌体结构补强加固实践中，已研究并应用了一些方法对砌体粘结界面进行粗糙度处理，如：人工凿毛法、高压水射法、机械刻痕法、喷砂法、喷气法、气锤凿毛法、化学腐蚀法等，目前，常用粗糙度评定方法是对于粗糙处理后的砌体粘结界面，如何定量评定其表面粗糙程度，并使其满足良好的界面粘结性能，是新老砌体粘结性能评价及预测的关键。目前常用的方法有：灌砂法、粗糙度测定仪法、分数维法、硅粉堆落法、粗骨料暴露比例法及观察法等。灌砂法以其简单易行的特点而应用最广。

复合砂浆钢筋网加固砌体结构表面处理的目的是：除去妨碍粘结表面的疏松层和污染物；增加被粘物的表面积，提高粘结力；改变被粘物表面化学结构，提高表面能，以便增加砂浆与砌体的粘结力。由于在结构构件的表面常常存在灰尘、砂土、油污等情况，在粘贴钢筋网加固之前，必须对构件表面进行处理。

根据构件表面的新旧程度、坚实程度、干湿程度，分别按以下方法对被加固构件的结合表面进行处理。

对于很旧很脏的砌体构件的粘结面，当其表面有旧涂层、植物生长、烟垢或其他污物时，先应用非金属砂，如河砂、硅砂、碳化硅或氧化铝干法喷砂吹除，或用硬毛刷粘高效洗涤剂刷除表面油垢；或用铁锤和凿子借人力对原砌体构件粘结面敲打，使其表面形成随机的凹凸不平状，增加粘结面的粗糙程度，人工凿毛后，用真空机吹去或刮出块状物，或用清洁压缩空气吹掉灰尘和颗粒。如果砌体表面不是很脏很旧，则可直接对构件进行人工凿毛。

4）砌体构件表面植入销钉

砌体内植入销钉的目的是提高砌体与复合砂浆薄层界面的抗剪能力，根据试验结果，为保证砌体粘结破坏锥体的完整性，应避免应力锥重叠，从而降低锚固作用。根据试验结果，销钉与构件边缘的距离应保证在 50mm 以上。销钉直径越大，在满足植筋深度的前提下，锚固力趋于提高。销钉数量越多，锚固力越强。同时。销钉在界面上分布越均匀，越有利于界面粘结。这使得界面摩擦阻力和机械咬合力得到充分发挥，也有利于提高延性（图 3-5-10）。

图 3-5-10　植入抗剪销钉

销钉施工工艺如下：①准备工作。主要准备销钉及胶，销钉直径一般为 4～6mm，成品形状为“L”形，外露原构件长度小于 20mm，宜采用无机植筋胶（可在潮湿环境下植筋，且耐久性好）；②按设计要求在原构件上对需植销钉的位置划线定点；③钻孔。采用电锤钻孔，钻孔直径为钢筋直径加 6mm；④清孔。用高压空气压缩机清孔；⑤注入无机植筋胶，植入钢筋；⑥养护。无机植筋待胶终凝后需进行浇水养护，养护不少于 3d；⑦抗拔试验验证植筋施工质量。

加固方案中其他部位的植筋要求必须符合设计要求和相关规程的规定。

一般在销钉植入 24h 后进行下一道工序的施工。

抗剪销钉应采用带肋钢筋；抗剪销钉植筋可采用有机材料植筋或无机材料植筋；当有防火要求时宜优先采用无机材料植筋。

用有机结构胶植抗剪销钉，植入深度应不小于 $5d$（d 为销钉直径），且不应小于 40mm。

用无机材料植抗剪销钉，植入深度应不小于 $8d$（d 为销钉直径），且不应小于 60mm。

抗剪销钉的间距宜不小于销钉植入深度的 2 倍，同时不应小于 100mm。销钉与试件边缘的距离应不小于 60mm。当按构造（不需按计算）设置抗剪销钉时，其间距不应大于钢筋网同方向间距的 3 倍，销钉直径不小于 6mm。

5）绑扎安装钢筋网

按照设计要求在砌体构件上绑扎钢筋处定位放线，在原构件表面进行钢筋网绑扎，最好是部分点焊。首先将钢筋网固定在抗剪销钉上，再绑扎其他钢筋，钢筋网的网格间距尺寸、钢筋种类、大小、位置以及与原砌体表面的距离都应满足设计要求及构造要求。用于加固的钢筋网直径为 4～8mm，钢筋种类为 HPB235、HRB335 及 HRB400。钢筋直径不宜超过 8mm，钢筋尽量选用抗拉强度较高的 HRB400。钢筋的品种、性能应符合设计要求，钢筋进场时，应按现行国家标准规定抽取试件作力学性能复验，质量必须符合标准要求，做到先送检后使用，验收合格后方能使用，钢筋应按设计要求的尺寸进行下料。

按照设计要求放线定位后，在原构件表面进行钢筋网的绑扎。先用钢丝交叉绑扎，将钢筋固定于销钉上，再绑扎其他位置的钢筋，靠近外围的两行应全部扎牢，中间部分可交错间隔固定（图 3-5-11）。

图 3-5-11　绑扎安装钢筋网

6）涂刷界面剂

复合砂浆薄层与被加固砌体只有共同工作，才能保证加固效果，界面施工质量是关键。复合砂浆薄层与原砌体界面采用的方法为老构件上进行表面处理，在抹复合砂浆之前涂界面剂。

目前市场上界面剂种类繁多，选择界面剂时，其新老结构界面粘结强度值应在 2.0MPa 以上，应按界面剂的使用要求进行操作。

涂界面剂按如下步骤施工：首先按产品使用说明书配制界面剂；其次在砌体构件表面涂界面剂。在涂界面剂前砌体构件表面提前 24h 洒水充分湿润，洒水量的上限是构件表面没有明显的水珠，如果一次洒水过多，应等待水珠完全被构件吸收。对砌体表面进水浸水处理是有利于新水泥浆水化物的形成；第三，界面剂涂刷应均匀，界面剂涂刷后应在 10min 内抹复合砂浆。

7）抹（喷）复合砂浆

复合砂浆的配制应满足设计要求及施工质量验收规范要求，抹复合砂浆施工宜在环境温度 5℃以上进行，冬期施工应采取防冻措施，抹复合砂浆前砌体构件应充分湿润，钢筋网施工质量经隐蔽工程验收，界面剂涂刷完后 10min，宜手工用力将复合砂浆抹在砌体构件表面，一般分 3 次抹灰，第一次用力将复合砂浆塞满钢筋网格，第二次抹灰为初步找平，第三次抹灰为表面层，复合砂浆总厚度为 20～25mm，几次抹灰的间隙砂浆应为砂浆的初凝与终凝之间，复合砂浆每抹完一层后必须用木抹子纵横方向反复搓毛复合砂浆表面，层面在初凝后压光，并保证表面平整度满足施工质量验收规范要求（图 3-5-12）。

图 3-5-12　抹复合砂浆

采用喷射工艺喷涂复合砂浆后，最后表面也应手工再压光 2 遍，以增强密实度。

8）养护

复合砂浆抹完后，应及时采取有效的养护措施。

① 室内施工后，宜将门窗关闭，以免通风过强造成表面干裂，室外构件要采取措施防止烈日曝晒，宜设有专门人员负责养护。

② 应在抹砂浆完毕后 24h 以内对复合砂浆进行终凝后保湿养护。

③ 浇水次数应能保持复合砂浆处于湿润状态，复合砂浆拌制用水与养护用水相同。一般室内每天浇水 2～3 遍，室外每天 3～6 遍。

④ 当日平均气温低于 5℃时，不得浇水。当复合砂浆表面不便浇水或使用塑料布覆盖时，宜涂刷养护剂。

3.6 木结构抗震加固的施工工艺及加固措施

3.6.1 概述

木结构房屋是由木构架作为主要承重构件，用于承受楼板和屋面传来的荷载，墙体只起围护作用的房屋。木结构房屋主要有穿斗木构架、木柱木屋架、木柱木梁三种形式。在湖南省村镇地区，木结构房屋主要存在于湘西南等地，大多为单层的穿斗木构架房屋，围护墙体多为土坯墙、砖墙或木板墙，双坡小青瓦屋面，典型木结构房屋如图 3-6-1 所示。

根据以往震害调查及分析，单层穿斗木结构房屋构件的震害情况及原因如下[32]：

(1) 结构体系不稳定：我国木构架房屋的榫结合节点强度和刚度都很低，稍有松动即成为铰接点，仅靠卯榫和檩条连接，不能形成刚性节点，从而使骨架变成了几何可变体系，当地震作用

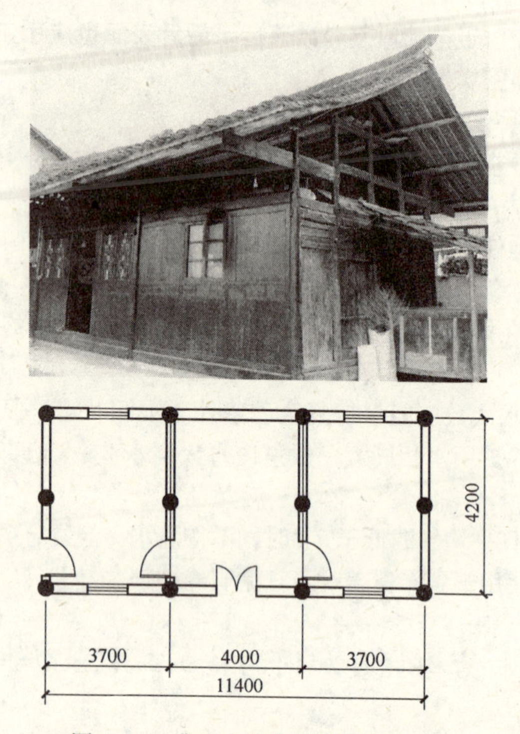

图 3-6-1　典型木结构房屋及其平面图

较大时，构架就会倾斜甚至倒塌（图 3-6-2）；穿斗木构架虽然横向较坚固，但缺乏纵向支撑，地震时容易产生纵向破坏。

图 3-6-2　穿斗木结构震后倾斜

（2）构件强度不足：木构架承重房屋由于构件断面过小或立柱对接，从而导致构件强度不足，地震时立柱容易折断、房屋楼盖以上倾倒或倒塌。主体木构架横向穿枋的断面尺寸很小，穿枋强度太弱，且不是整根的，而且仅在端排架设置，这对抗震非常不利，容易发生破坏（图 3-6-3）。

图 3-6-3　穿斗木结构穿枋破坏

（3）节点连接弱：木构架房屋梁、柱间连接多采用榫结合，地震时房屋上下颠簸，左右、前后摇晃，节点不仅承受水平力，还要承受拉和扭的作用，因此节点处很容易产生拉榫、折榫现象，导致木构架局部破坏或全部塌落。一旦施工制作质量差，连接不牢靠，地震时也会产生脱榫现象。丽江地震[32]倒塌的房屋中大多是由于榫头拔出使木构架肢解造成的。另外，梁柱连接截面削弱过大，也易导致节点强度不足、应力集中而破坏。由于立柱在楼层处两个方向均与楼楞相连接，因而榫槽靠近，断面削弱过大，易遭破坏。

（4）墙体

木结构墙体的破坏多是土坯墙或砖墙出现开裂或倒塌，这是因为起围护作用的土坯墙或砖墙自重大，与木构件连接不牢，抵抗水平地震作用能力不足，而且，墙体与木构架的自振特性不同，在地震中产生的位移也不相同。

结合以上木结构房屋震害特点，将抗震施工的研究集中在以下几个方面：

1）木构件材料的选择；

2）增强木结构房屋的抗侧刚度，提高结构的稳定性；

3）增强木构架节点抗震性能的施工措施及方法；

4）增强围护墙体抗震性能的措施及施工方法。

由于木结构的延性比较好，抗震性能比较好，故对于抗震设防烈度 8 度及以下地区，基本无需增加抗震构造措施，即原来的壁板是直钉就是直钉，无需改造。但如果立柱间是砌体，则砌体应符合前述 3.3 节和 3.5 节 HPFL 加固砌体结构的要求。可按前述 3.3 节和 3.5 节 HPFL 加固砌体结构的要求采用复合砂浆钢筋网薄层与砖形成的圈梁、构造柱。

对于抗震设防烈度 9 度及以上地区，采用壁板斜钉的方法可大大提高农村民居的抗侧移刚度，如图 3-6-4 所示。使房屋在地震下的侧移变形较小。

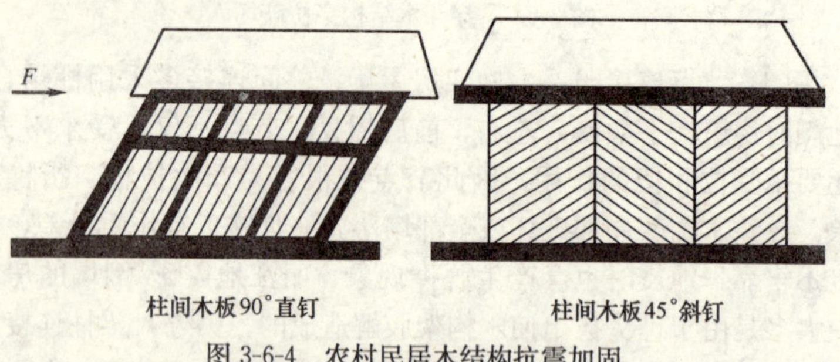

图 3-6-4　农村民居木结构抗震加固

3.6.2　木结构房屋抗震加固施工工艺

（1）材料的选择

材料的选择对木构件的强度有重要的影响。一般，材料的选择主要从材料规格、强度和材质等方面进行，而且在不同设防烈度下，对材料最低要求也不同。对单层的穿斗木房屋而言，应选择通长、干燥，含水量控制在 25％以内的原木。不同抗震设防地区，木柱、木梁的最低要求见表 3-6-1 所列。

木材最低要求　　　　　　表 3-6-1

用料部位	最低材料规格要求		最低强度等级要求	材质等级要求
	抗震设防烈度 6～7 度	抗震设防烈度 8 度		
木柱	ϕ160	ϕ183	TC11	$Ⅱ_a$
木梁	200×133	266×133	TC11	$Ⅰ_a$

(2) 增强木结构房屋的抗侧刚度，提高结构的稳定性

由于现有的木结构房屋的木板墙都是由木板竖向组合而成(图 3-6-5)，在强震作用下，可能由于上面结构过大的位移反应而导致结构发生倒塌，基于以上分析可以得知，如果使上部结构的刚度加大，就能够使结构在强震作用下不至于发生过大的变形而发生倒塌。

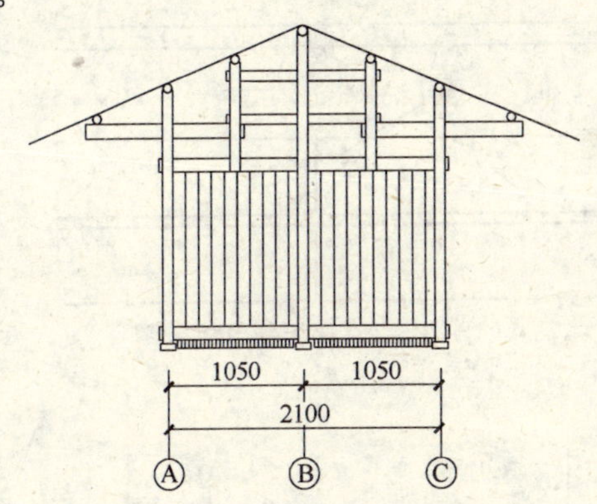

图 3-6-5　木结构壁板直钉

如果木结构房屋的木板墙用圆钉斜钉在木柱和横梁上面（图 3-6-6)，可以有效地增大结构的刚度。

采用壁板斜钉来增强结构的刚度，在其施工过程中，每块壁板用两颗 ϕ4 的钉子斜钉在木柱和横梁上面(图 3-6-7)。

当抗震设防烈度不低于 9 度时，在房屋的木构架之间宜加设剪刀撑或斜撑，剪刀撑或斜撑与柱身和剪刀撑之间中部应采用螺栓连接（图 3-6-8)，剪刀撑或斜撑的设置应与门窗洞口位置协调。

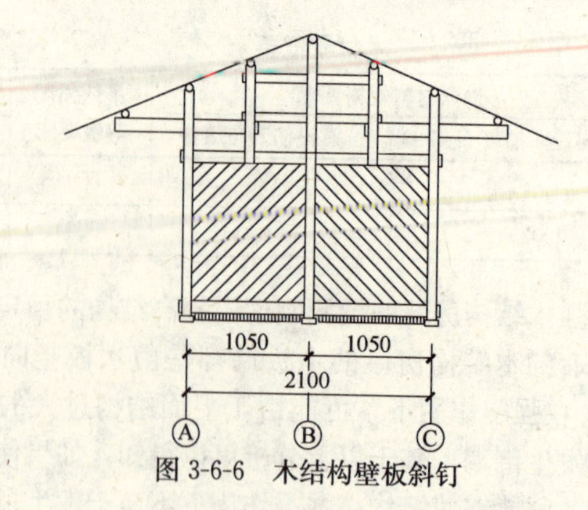

图 3-6-6 木结构壁板斜钉

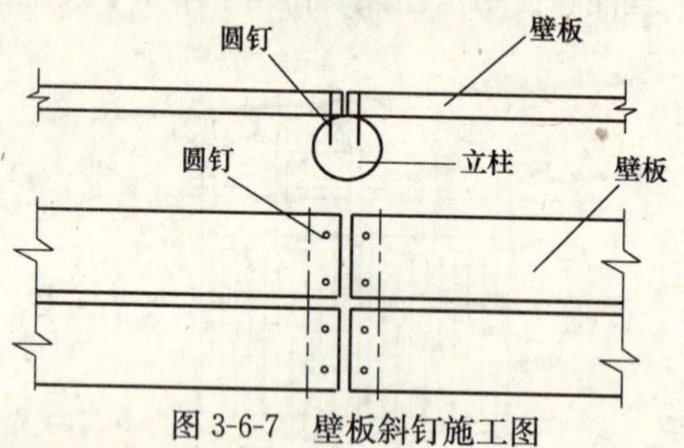

图 3-6-7 壁板斜钉施工图

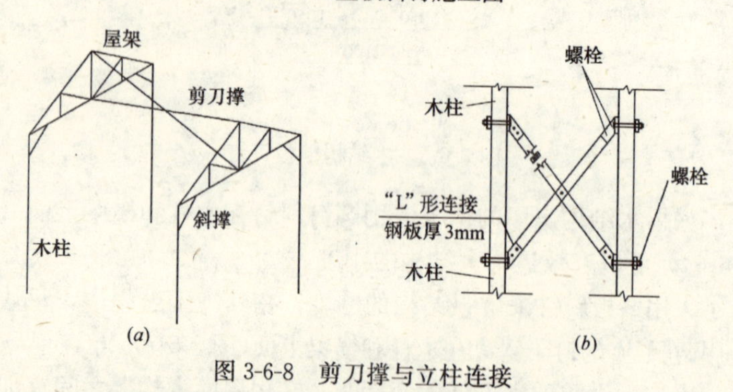

图 3-6-8 剪刀撑与立柱连接

（3）增强木构架节点抗震性能的施工措施及方法

影响木构架抗震性能的因素还包括构件之间的连接、节点构造措施等。

1）为防止木柱的折断可以采取以下措施[33]

应确保木柱的截面尺寸足够大，木柱的梢径不宜小于150mm，确保柱子在开榫后的截面积不少于柱径的50%，并且应避免在柱子的同一高度处纵横向开榫。竖柱加侧脚（也称收分），四周柱子，稍微内倾，柱子在面阔方向每高一尺收一分，在侧面前后檐柱向里每高一尺收八厘，以利于抗震。柱子应避免接长，柱子不可以有接头。震害表明，木柱无接头的旧房屋损坏较轻，而新建的有接头的房屋却会倒塌。

2）木柱与基础连接

木柱基础可采用柱脚石和钢筋混凝土基础，柱子在基石上面的浮搁作用有很大的减震隔震作用，为保证木构件在地震中具备良好的抗震性能，可以将柱子做成浮搁形式（图3-6-9），这种浮搁形式有利于木柱脚在柱基石表面滑动，以起到摩擦、耗能作用。

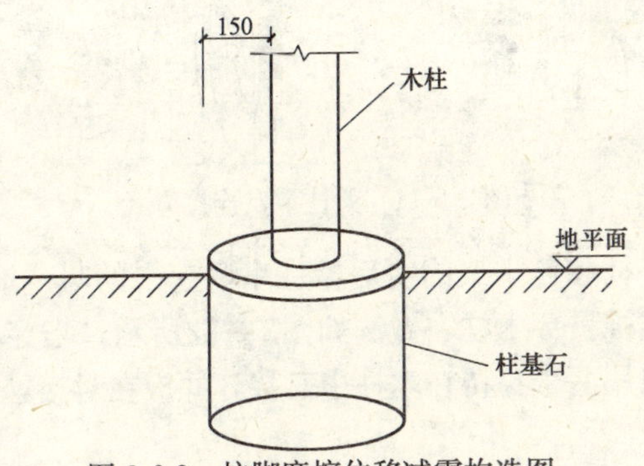

图3-6-9　柱脚摩擦位移减震构造图

3）加强梁、柱、檩等构件的连接

在地震作用下，构架节点的受力比较复杂，加上各种原因综合到一起，榫接节点的榫头容易松动和脱落，易造成构架的倾斜和倒塌，所以加强穿斗木结构榫连接很重要。要做到扣榫认真，做工严谨，装上要紧密。如果在制作施工的时候不够认真使得扣榫成了形式，在地震发生时，就会出现拔榫或者拉断榫头的现象。檩条在穿斗木构架柱柱头上采取对接时，应采用燕尾榫对接方式，且檩条与柱头应采用扒钉连接，檩条的对接见图3-6-10

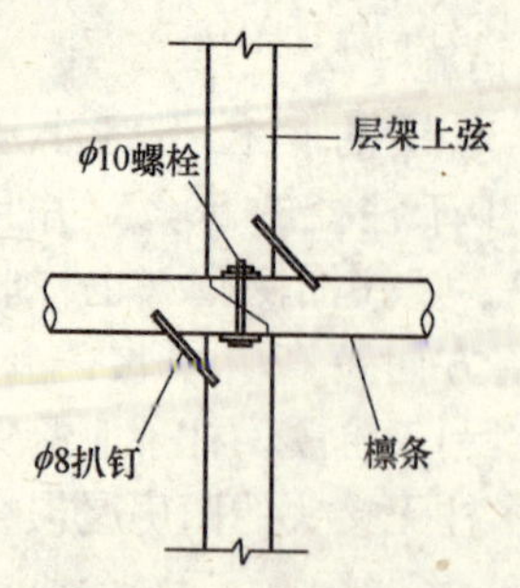

图 3-6-10　檩条斜搭接

所示。梁柱节点还可以采用图 3-6-11 所示构造。这种连接对柱子的截面削弱较小，具有较好的抗震性能。

4）穿枋的设置

穿斗木构架房屋的横向和纵向均应在木柱的上下柱端和楼层下层设置穿枋，并贯通木构架各柱，使木构架横向的强度和刚度得到保证。穿枋应保证足够的横截面积，至少为 50mm×150mm。将一榀举架上各柱串联起来的叫“穿枋”。地面处将各

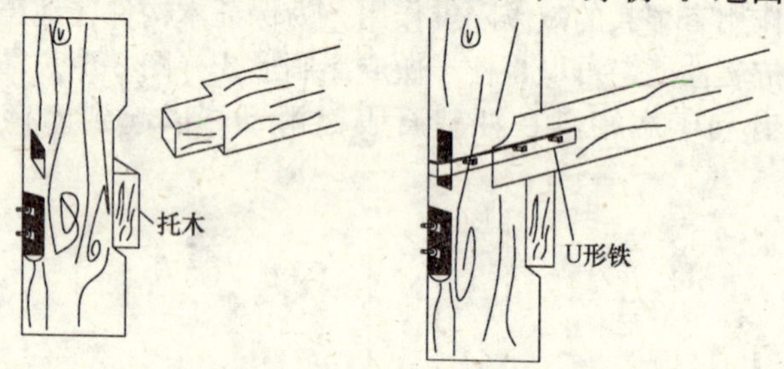

图 3-6-11　梁柱节点连接方式

榀举架的各柱和各举架的前后檐柱串联起来的叫“地脚枋”。穿枋应采用透榫贯穿木柱，做法如图3-6-12所示。当穿枋的长度不足时，可采用两个穿枋在木柱中对接，并应在对接处两侧沿水平

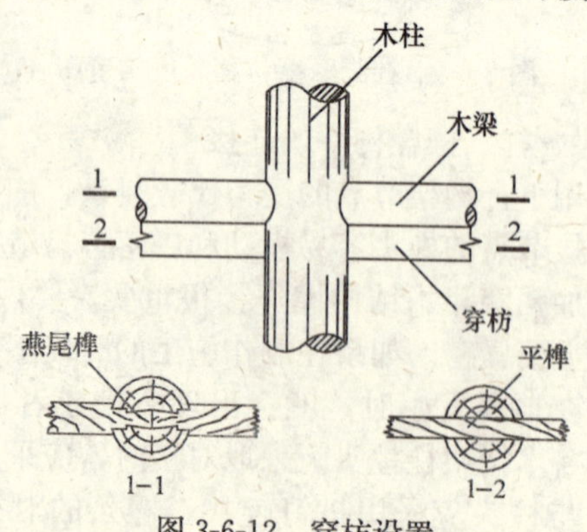

图 3-6-12　穿枋设置

方向加设扁钢；扁钢厚度不宜小于 2mm，宽度不宜小于 60mm，两端应采用两根直径不小于 12mm 的螺栓夹紧。

(4) 围护墙体施工

围护墙体宜选用砖墙或木质隔墙，不应采用土坯墙体。

砖砌体围护墙的组砌方法、砌筑工艺、抗震构造措施、施工要点可参见砖结构施工，但需注意的是围护墙必须砌筑在木柱外侧，不宜将木柱全部包入墙体中。围护砖墙的加固施工按前面的要求加复合砂浆钢筋网薄层与砖形成的圈梁、构造柱。围护墙与木构架可采用墙揽或通过拉接钢筋将木柱与配筋砖圈梁连接，做法如图 3-6-13 所示。

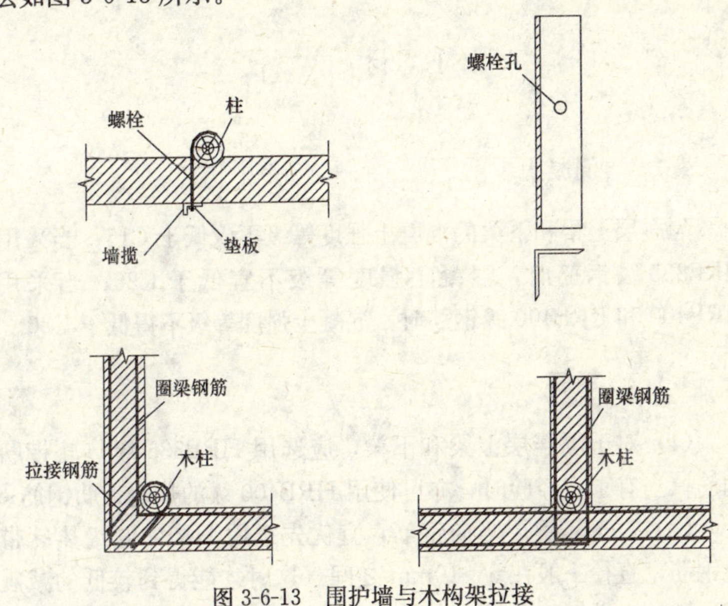

图 3-6-13　围护墙与木构架拉接

4 地震区新建民居建筑隔震

在基础隔震方面，我国目前使用最多的是叠层橡胶隔震支座，但其高昂的造价、相对复杂的制造和施工工艺，不太适合于我国广大农村中的低层建筑。本章就新建农村民居的隔震措施进行叙述。

4.1 材　　料

4.1.1 混凝土

隔震层上梁和下梁的混凝土强度等级不应低于C15；当采用HRB335级钢筋时，混凝土强度等级不宜低于C20；当采用HRB400和RRB400级钢筋时，混凝土强度等级不得低于C20。

4.1.2 钢筋

（1）对于隔震层上梁和下梁，应选用HRB335级热轧带肋钢筋；当有工程经验时，亦可使用HRB400级的热轧带肋钢筋；

（2）对于隔震层竖向钢筋，宜优先选用HRB400级热轧带肋钢筋，直径一般在6～10mm之间（这时才能得到较低的减震系数和较少的钢筋根数）；

（3）钢筋的质量应分别符合现行国家标准《钢筋混凝土用热轧带肋钢筋》GB 1499和《钢筋混凝土用余热处理钢筋》GB 13014的规定；

（4）钢筋的性能设计值应按现行国家标准《混凝土结构设计规范》GB 50010的规定采用；

（5）不得使用无出厂合格证、无标志或未经进场检验的钢筋以及再生钢筋；

（6）由于冷加工钢筋在强度提高的同时，延伸率显著降低，冷加工钢筋无明显屈服点和屈服台阶，所以在钢筋隔震层中不宜采用冷加工钢筋。

4.1.3 沥青油膏

沥青油膏是采用PVC防水油膏添加双飞粉而成的。通过调节油膏和添加粉料的质量比形成夏天不流淌、冬天不结硬的隔震层油膏。至于油膏的阻尼作用，则被当成一种储备，暂不予考虑。

（1）PVC防水油膏

PVC防水油膏是以煤焦油为基料，加入PVC树脂、增塑剂、稳定剂、稀释剂和填充料等，经加热塑化而制成。以煤焦油为基料，加入PVC，对煤焦油进行改性塑化。在加热条件下，PVC分子键作为骨架，煤焦油分子进入骨架中，既可以改善煤焦油的流动性，又可以提高PVC分子链的柔韧性。加入增塑剂，以提高油膏的低温柔韧性和塑性。加入稳定剂，以阻止PVC高温分解放出氯化氢气体（表4-1-1以长沙长丰防水材料有限公司PVC油膏为例）。

PVC油膏质量指标　　表4-1-1

序号	检验项目	单位	标准要求	检验结果
1	耐热度	mm	≤4	<3
2	粘结延伸率	%	≥250	≥600
3	浸水粘结延伸率	%	≥200	≥400
4	低温柔度		无裂缝、无剥离	无裂缝、无剥离
5	回弹率	%	≥80	≥85
6	挥发率	%	<3	<2
7	粘结强度	kg/cm^2	>2	>2.5

(2) PVC 油膏针入度值

通过改变 PVC 油膏和粉料的掺量，得出不同温度下的针入度，见表 4-1-2。

不同灰胶比的针入度值　　表 4-1-2

灰胶比(质量比)	温度(℃)	针入度(0.1mm)
0	−10	36.0
	5	85.7
	15	239.0
	25	286.0
0.2	−10	19.0
	5	33.7
	15	86.7
	25	194.7
0.25	−10	8.3
	5	26.7
	15	63.3
	25	129.3
0.3	−10	5.7
	5	24.0
	15	60.3
	25	123.3

从表 4-1-2 中可得出，灰胶比为 0.2 的试样较适宜于我国大部分地区，低温性能较好，且掺有粉料，比较经济，夏季高温时亦不会流淌。

(3) PVC 防水油膏施工技术要点

1) 基层清理

防水油膏填充的基层必须清除杂物，吹净灰尘，使油膏和钢筋、隔震层下梁能充分粘结。

2) 严格控制熔化温度和时间，应严格按下列熔化制度，设专人控制熔化温度。

将防水油膏倒入熔化炉不能超过 1h，文火缓慢升温→120℃炉内保持 5～10min→掺入一定质量比的粉料→出料、使用。

油膏在熔化时火要均匀，将熔化炉内油膏缓慢加热到 120℃左右，不停搅拌，熔成液状胶体即可。掺入粉料，充分搅拌均匀。如果温度控制不好，超温冒黄烟导致老化，或达温后停留时间过长，都会影响油膏质量；如不慎使油膏老化，应彻底清理干净，另换新料。

如果隔震层设计不用 PVC 油膏防锈，也可使用其他材料防锈，如定期刷防锈漆等方法。

4.2 农村新建建筑隔震层

在四川汶川大地震中，村镇地区的中、低层房屋破坏最为严重，因此针对我国农村地区现状的抗震隔震研究迫在眉睫。本书提出了一种适用于农村民居低矮房屋建筑（图 4-2-1）的钢筋—沥

图 4-2-1 农村典型民居

青复合隔震层，其有效的减震效果、低廉的造价和简易的施工方法适宜在广大农村新建房屋建筑中推广使用。

对于震后重建的农村民居砌体结构，或新建的农村民居砌体结构，可在基础顶面（外地坪以上）处设置一个隔震层（室内地坪以下），如图 4-2-2 所示。假如隔震层效果较好，则上部结构就如同小轿车的上部轿厢一样，受到的振动很小，自然就不会发生坍塌损坏。隔震层设在室外地坪以上，有利于长期对隔震层保养（如更换沥青防锈层，隔震层钢筋除锈），维护时不需要开挖基础。

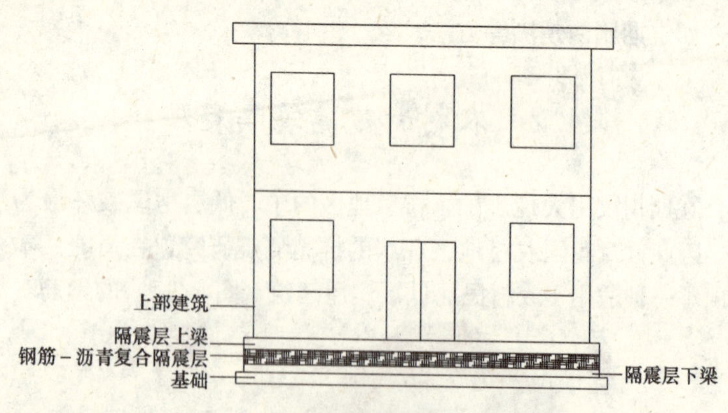

图 4-2-2　设有隔震层的农村新建建筑

钢筋-沥青复合隔震层位于新建建筑底圈梁与基础之间，其具体构造如图 4-2-3～图 4-2-5 所示。隔震层上部为隔震层上梁，下部为隔震层下梁，在其间布置一定数量的钢筋，钢筋直径、数量由计算确定，并在钢筋与钢筋之间填充沥青油膏，并隔一定的间距设置砖墩。

隔震层内插钢筋宜选用直径较小的热轧变形钢筋。沥青油膏仅仅是用于保护钢筋不生锈，并不一定利用其极好的阻尼特性。这就要求这种沥青油膏冬天不结硬、夏天不流淌。根据我们的大量试验研究，在南方地区可以用 PVC 防水油膏掺以 20%的双氧粉经加温拌匀而成。

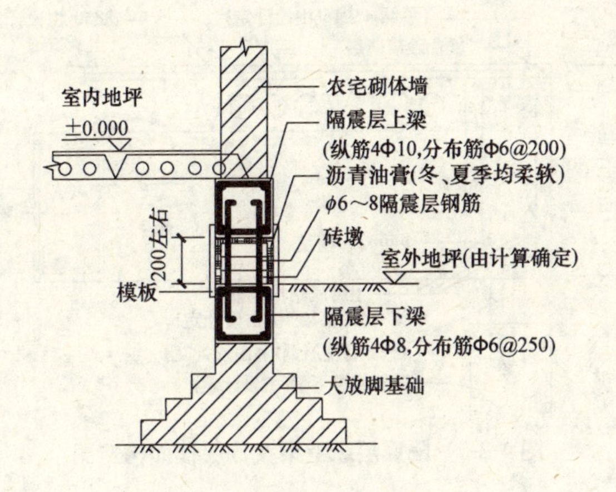

图 4-2-3　钢筋沥青隔震层横断面示意图

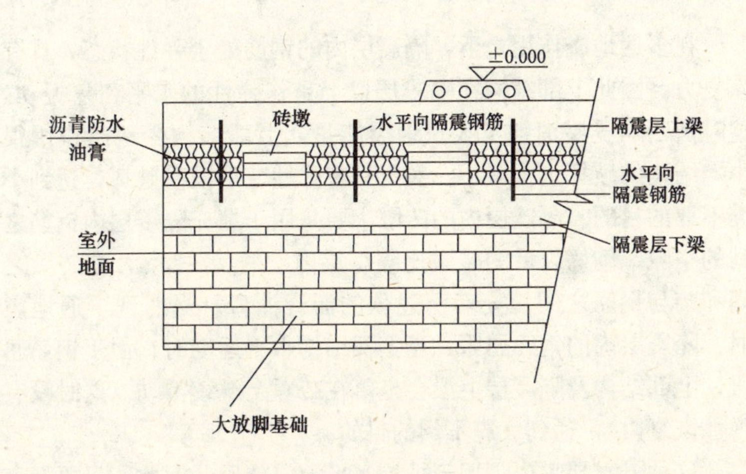

图 4-2-4　钢筋沥青隔震层纵剖面图

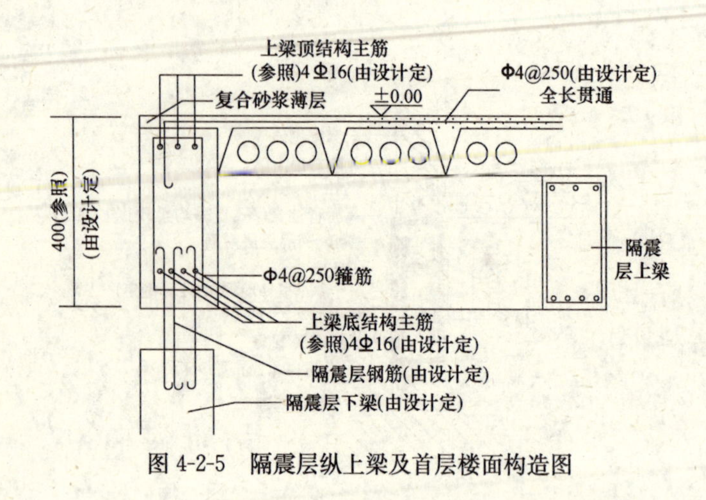

图 4-2-5　隔震层纵上梁及首层楼面构造图

4.3　农村新建建筑隔震层设计

4.3.1　钢筋沥青隔震层隔震原理

在多遇地震作用之下，隔震层内的钢筋处于弹性状态，具有恢复力。因此上部结构在隔震层以上是作弹性的水平往复振动。这时由于隔震层消耗了大量地震能量，上部结构受地震作用很小，结构的破坏也很微小，甚至只有弹性变形没有破坏，达到小震不坏的目的。隔震层内的砖墩主要是用于填充隔震层内钢筋之间的空隙，砌好以后的砖墩比隔震层内空矮 1～2cm，在砖墩之间和砖与钢筋之间填充有上述软的沥青油膏。当遇到罕遇地震时，隔震层内的钢筋屈服，当上部结构水平运动时，由于钢筋屈服，上部结构及隔震层上梁会坐落在砖墩上继续滑动（这时没有弹性恢复力），达到大震不倒的目的。

这种隔震层主要是用于抵抗水平地震作用，因此，只要远离震中一定距离的地域都可以使用这种隔震层。也就是说在地震灾区的大部分地域由于这种隔震层的有效隔震，可以使大部分人民的生命财产免遭强烈地震的破坏。

这种隔震层适用范围很广，从小震到大震都能抵御，造价又很低廉，主要构件就是隔震层内的竖向钢筋。沥青油膏仅仅只起一个防锈的作用，若为了再减低造价，也可以用其他方法防锈而不用沥青油膏。加之这种隔震层的原理非常明确，就是利用一根竖直、两端固定的钢筋（竖直单跨梁）在水平方向的弹性刚度较竖向的弹性刚度小很多，而起到的水平向的隔震作用。因此这是一种在农村地区可以广泛使用，农民可以用得起的性能可靠、造价低廉、构造简单的新型隔震层。

4.3.2 钢筋沥青隔震层的简化计算

（1）计算假定

1）假定钢筋在弹性范围内工作；

2）假定钢筋无初始弯矩，荷载沿隔震层的形心轴作用，且隔震层上梁、下梁的刚度很大；

3）钢筋与隔震层上梁、下梁均为固结；

4）忽略沥青油膏对隔震层竖向承载力和水平刚度的影响，沥青油膏的阻尼作为隔震层阻尼的一种富余；

5）材料符合虎克定律。

（2）正常使用状态

1）隔震层竖向荷载确定

农村民居房屋多为1～2层砌体结构，其荷载效应组合值S由永久荷载效应控制，按《建筑结构荷载规范（2006年版）》（GB 50009—2001），其荷载组合为：

$$S=\gamma_G S_{Gk}+\sum_{i}^{n}\gamma_{Qi}\psi_{ci}S_{Qik} \tag{4-3-1}$$

式中 γ_G——永久荷载分项系数，对农村民居取1.20；

S_{Gk}——按永久荷载标准值G_k计算的荷载效应值；

γ_{Qi}——第i个可变荷载的分项系数，对农村民居取1.4；

ψ_{ci}——可变荷载Q_i的组合值系数，对农村民居取0.7；

S_{Qik}——可变荷载标准值 Q_{ik} 计算的荷载效应值；

n——参与组合的可变荷载数。

2）钢筋根数的确定

根据压杆静力稳定性分析来初定钢筋根数，根据压杆静力稳定性分析的欧拉公式，对于下端固定、上端可水平移动的纯弯变形压杆，其临界荷载有如下表达式[34]：

$$P_{cr}=\frac{\pi^2 EI}{l^2} \tag{4-3-2}$$

以上公式是在只考虑弯曲变形的条件下推导出来的，对于钢筋，其剪变模量较大，可以忽略其剪切变形的影响，近似按式（4-3-2）对隔震层钢筋进行稳定性验算[35,36]。

此时，有

$$P<P_{cr} \tag{4-3-3}$$

式中　P——单根钢筋所承受的竖向力，可近似由下式计算

$$P=\frac{N}{n} \tag{4-3-4}$$

式中　N——上部结构传至隔震层上梁的荷载设计值，由式（4-3-1）确定；

n——隔震层总钢筋数量。

由式（4-3-2）、式（4-3-3）和式（4-3-4）可确定隔震层所需钢筋的最小数量 n_{min} 为：

$$n_{min}=\frac{64Nh^2}{\pi^3 Ed^4} \tag{4-3-5}$$

式中　h——隔震层高度；

d——隔震层钢筋直径，在计算时可先假定 h、d。

（3）地震作用下的隔震层钢筋截面承载力验算

1）荷载组合

对于农村民居，在进行地震作用下的荷载组合时，不考虑竖向地震作用和风荷载。按《建筑抗震设计规范》（GB 50011—2001），其在地震作用下的结构内力组合值 S_E 为：

$$S_E=\gamma_G S_{GE}+\gamma_{Eh} S_{Ehk} \tag{4-3-6}$$

式中　S_E——结构构件内力组合的设计值，包括组合的弯矩、轴力和剪力设计值；

γ_G——重力荷载分项系数，一般情况应取1.2；

S_{GE}——重力荷载代表值的效应；

γ_{Eh}——水平地震作用分项系数，取1.3；

S_{Ehk}——水平地震作用标准值的效应，尚应乘以相应的增大系数或调整系数。

2）结构构件的截面抗震验算，应采用下列设计表达式：

$$S_E < R/\gamma_{RE} \tag{4-3-7}$$

式中　R——结构承载力设计值；

γ_{RE}——承载力抗震调整系数，对隔震层钢筋取0.75。

3）重力荷载代表值

根据《建筑抗震设计规范》（GB 50011—2001），对于农村民居上部结构重力荷载代表值应取结构和构配件自重标准值和各可变荷载组合值之和，重力荷载代表值G_{GEk}按下式计算：

$$G_{GEk} = G_{Gk} + \sum_{i}^{n} \psi_{Eik} G_{Qik} \tag{4-3-8}$$

式中　G_{GEk}——上部结构重力荷载代表值；

G_{Gk}——上部结构恒载标准值；

ψ_{Eik}——上部结构第i个活荷载地震作用组合系数，对农村民居，楼面活荷载取0.5，屋面雪荷载取0.5，屋面活荷载取0；

G_{Qik}——上部结构第i个活荷载标准值。

4）隔震层水平刚度

可假设隔震层钢筋数量为n（$n \geqslant n_{min}$），此时隔震层水平刚度为：

$$K_h = nk = 12n\frac{EI}{h^3} \tag{4-3-9}$$

当可以按满足钢筋稳定要求时的最少钢筋根数设置隔震层时，有

$$K_h = nk = \frac{N}{P_{cr}}k = \frac{Nh^2}{\pi^2 EI} \cdot \frac{12EI}{h^3} = \frac{12N}{\pi^2 h} \qquad (4\text{-}3\text{-}10)$$

式（4-3-10）表明，当按照满足钢筋稳定要求的最少钢筋根数设置隔震层时，隔震层水平刚度只与隔震层高度 h 有关。

5）隔震体系周期

根据《建筑抗震设计规范》（GB 50011—2001），砌体结构及与其基本周期相当的结构，隔震后体系的基本周期可按下式计算：

$$T_1 = 2\pi\sqrt{\frac{G_{GEk}}{K_h g}} \qquad (4\text{-}3\text{-}11)$$

式中 T_1——隔震体系的基本周期；

G_{GEk}——隔震层以上结构的重力荷载代表值，按式（4-3-8）计算；

K_h——隔震层水平刚度，按式（4-3-10）计算；

g——重力加速度。

6）隔震层水平地震作用

根据《建筑抗震设计规范》（GB 50011—2001），隔震层水平地震作用可按下式计算：

$$F'_{Ek} = \alpha_1 G'_{eq} \qquad (4\text{-}3\text{-}12)$$

式中 F'_{Ek}——隔震层水平地震作用；

α_1——有隔震层结构体系基本自振周期的水平地震影响系数值；

G'_{eq}——上部结构等效总重力荷载，取 $G'_{eq} = 0.85G_{GEk}$。对于2层及2层以下的农村民居，可取 $G'_{eq} = G_{GEK}$。

7）地震作用下隔震层钢筋截面承载力验算

对于单根钢筋，其受力情况如图 4-3-1 所示。

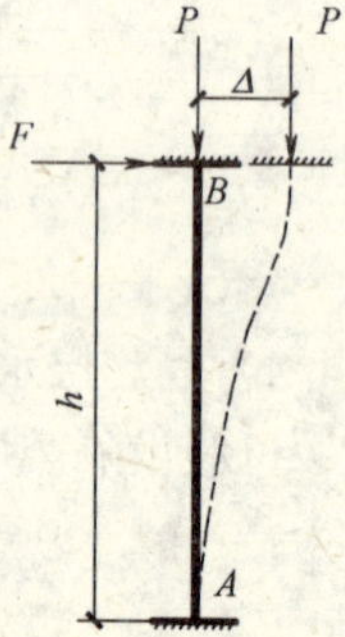

图 4-3-1 钢筋沥青复合隔震层钢筋受力简化图

由文献［37］可知，对于有侧移的单层单跨框架，梁柱线刚度比越大对二阶效应的影响越小。对图 4-3-1 计算模型，可等效为对横梁刚度为无穷大的单层单跨框架进行计算，其梁柱线刚度比很大，故二阶效应对杆件内力影响较小，通过计算得知，可在水平力上乘以 1.1 的系数后，近似用一阶内力代替二阶内力。

两端固定的单根钢筋水平刚度为：

$$k=\frac{12EI}{h^3} \tag{4-3-13}$$

对单根钢筋，所受水平力为 $F=1.1\frac{F'_{\mathrm{Ek}}}{n}$，竖向力为 $P=\frac{G_{\mathrm{GEk}}}{n}$，此时钢筋顶部位移 Δ 为：

$$\Delta=\frac{F}{k}=1.1\frac{F'_{\mathrm{Ek}}h^3}{12nEI} \tag{4-3-14}$$

对于钢筋，最大弯矩出现在钢筋顶部和底部，相当于一个两端固定梁的一个固定端有大小为 Δ 的位移，此时，钢筋顶部和底部的弯矩为：

$$M=\Delta\frac{6EI}{h^2}=1.1\frac{F'_{\mathrm{Ek}}h}{2n}$$

钢筋应力最大值在水平力 F 和竖向力 P 作用下出现在钢筋端部，钢筋应力最大值 $\sigma_{\max}$ 为：

$$\sigma_{\max}=\frac{M}{W}+\frac{G_{\mathrm{GEk}}}{nA}=1.1\frac{16F'_{\mathrm{Ek}}h}{n\pi d^3}+\frac{4G_{\mathrm{GEk}}}{n\pi d^2} \tag{4-3-15}$$

根据边缘纤维屈服准则[35]，以杆件中应力最大的纤维开始屈服时的荷载作为杆件在弹性工作阶段的最大荷载。根据式（4-3-6）和式（4-3-7），应满足：

$$\gamma_{\mathrm{Eh}}1.1\frac{16F'_{\mathrm{Ek}}h}{n\pi d^3}+\gamma_{\mathrm{G}}\frac{4G_{\mathrm{GEk}}}{n\pi d^2}<\sigma_{\mathrm{y}}/\gamma_{\mathrm{RE}} \tag{4-3-16}$$

式中　σ_{y}——隔震层钢筋强度设计值。

当式（4-3-16）满足时，说明隔震层钢筋根数满足强度和稳定要求；若式（4-3-16）不满足，则改变隔震层钢筋根数 n 再进行计算，直至式（4-3-16）满足。

（4）减震系数

定义水平减震系数 β 为

$$\beta=\frac{F'_{\mathrm{Ek}}}{F_{\mathrm{Ek}}} \tag{4-3-17}$$

式中 F_{Ek}——未设置隔震层时上部结构底部水平地震作用；

F'_{Ek}——设置隔震层时上部结构底部水平地震作用。

其中未设置隔震层时上部结构底部水平地震作用 F_{Ek} 应按式（4-3-18）确定：

$$F_{\mathrm{Ek}}=\alpha G_{\mathrm{eq}} \tag{4-3-18}$$

式中 α——结构体系基本自振周期的水平地震影响系数，对于低、多层砌体房屋可取水平地震影响系数最大值 $\alpha_{\max}$，按《建筑抗震设计规范》（GB 50011—2001）有关规定选取；

G_{eq}——上部结构等效总重力荷载。

（5）参数分析

由式（4-3-9）和式（4-3-15）可知，当上部结构荷载及选用的钢筋类型确定时，对隔震层刚度和隔震层钢筋最大应力影响的因素为钢筋直径 d 和隔震层高度 h。为了在隔震层刚度和隔震层钢筋最大应力之间找到一种最佳的钢筋布置方案，按不同的钢筋直径和不同的隔震层刚度进行了以下的比较。

对于农村民居，其结构形式多为砌体结构，其活荷载在总荷载中占比重较小，在计算中，近似按活荷载标准值为恒载标准值的 1/5 来进行选取。

选取每米上部结构恒载质量为 5t，按 7 度多遇地震进行设计，设计地震分组为一组，场地类别为Ⅱ类。钢筋选用 HRB400 级，按不同的隔震层高度进行计算，具体计算过程见表 4-3-1～表 4-3-5。

表 4-3-1～表 4-3-5 中，隔震层实际所需钢筋数量黑色加粗部分为按正常使用状态稳定要求所需要的钢筋根数，此时即可满足地震作用下钢筋的强度要求。当减震系数小于 0.5 时，隔震层所需钢筋最少数量的隔震层高度为按正常使用状态稳定要求配置钢

每米长隔震层计算参数

（上部结构恒载 5t、钢筋 HRB400、直径 4mm 时不同隔震层高度计算对比表） **表 4-3-1**

隔震层高度 H(m)	满足稳定要求隔震层最小钢筋数量 n(根)	隔震层实际所需最少钢筋数量 n(根)	隔震层刚度 K_h(N/m)	隔震结构体系自振周期 $T_1(s)$	隔震结构基底剪力 F'_{Ek}(N)	钢筋最大应力 σ_{max}(N/m²)	减震系数 β
0.1	31	90	2.71×10^6	0.283	3665	4.78×10^8	1.000
0.12	45	108	1.88×10^6	0.339	3665	4.76×10^8	1.000
0.14	60	102	1.12×10^6	0.440	2983	4.79×10^8	0.814
0.16	79	94	6.92×10^5	0.560	2401	4.79×10^8	0.655
0.18	100	100	5.15×10^5	0.649	2102	4.45×10^8	0.574
0.2	123	123	4.63×10^5	0.685	2004	3.82×10^8	0.547
0.22	149	149	4.21×10^5	0.718	1919	3.32×10^8	0.524
0.24	177	177	3.85×10^5	0.750	1845	2.93×10^8	0.503
0.26	207	**207**	3.55×10^5	0.781	1779	2.60×10^8	0.486
0.28	240	**240**	3.30×10^5	0.811	1721	2.34×10^8	0.470
0.3	276	**276**	3.08×10^5	0.839	1668	2.11×10^8	0.455
0.32	314	**314**	2.89×10^5	0.867	1620	1.92×10^8	0.442
0.34	354	**354**	2.72×10^5	0.894	1576	1.76×10^8	0.430
0.36	397	**397**	2.56×10^5	0.920	1536	1.62×10^8	0.419
0.38	442	**442**	2.43×10^5	0.945	1499	1.50×10^8	0.409
0.4	490	**490**	2.31×10^5	0.970	1465	1.39×10^8	0.400
0.42	540	**540**	2.20×10^5	0.994	1433	1.29×10^8	0.391
0.44	593	**593**	2.10×10^5	1.017	1403	1.21×10^8	0.383
0.46	648	**648**	2.01×10^5	1.040	1376	1.13×10^8	0.375
0.48	705	**705**	1.92×10^5	1.062	1349	1.06×10^8	0.368
0.5	765	**765**	1.85×10^5	1.084	1325	1.00×10^8	0.361

注：表中黑体部分数字为减震系数小于 0.5 及隔震层高度小于 0.5m 的每米长隔震层钢筋根数。

每米长隔震层计算参数

（上部结构恒载 5t、钢筋 HRB400、直径 6mm 时不同隔震层高度计算对比表） **表 4-3-2**

隔震层高度 H(m)	满足稳定要求隔震层最小钢筋数量 n(根)	隔震层实际所需最少钢筋数量 n(根)	隔震层刚度 K_h(N/m)	隔震结构体系自振周期 T_1(s)	隔震结构基底剪力 F'_{Ek}(N)	钢筋最大应力 σ_{max}(N/m^2)	减震系数 β
0.1	8	28	4.27×10^6	0.225	3665	4.62×10^8	1.000
0.12	9	34	3.00×10^6	0.269	3665	4.53×10^8	1.000
0.14	12	38	2.11×10^6	0.320	3665	4.71×10^8	1.000
0.16	16	40	1.49×10^6	0.382	3392	4.72×10^8	0.925
0.18	20	38	9.94×10^5	0.467	2827	4.67×10^8	0.771
0.2	25	36	6.87×10^5	0.562	2393	4.64×10^8	0.653
0.22	30	34	4.87×10^5	0.667	2051	4.64×10^8	0.560
0.24	35	35	3.90×10^5	0.746	1855	4.42×10^8	0.506
0.26	41	**41**	3.59×10^5	0.777	1787	3.93×10^8	0.488
0.28	48	**48**	3.33×10^5	0.807	1727	3.53×10^8	0.471
0.3	55	**55**	3.10×10^5	0.836	1674	3.19×10^8	0.457
0.32	62	**62**	2.90×10^5	0.864	1625	2.90×10^8	0.443
0.34	70	**70**	2.73×10^5	0.891	1580	2.66×10^8	0.431
0.36	79	**79**	2.58×10^5	0.917	1540	2.45×10^8	0.420
0.38	88	**88**	2.44×10^5	0.943	1502	2.26×10^8	0.410
0.4	97	**97**	2.32×10^5	0.968	1468	2.10×10^8	0.400
0.42	107	**107**	2.21×10^5	0.992	1436	1.95×10^8	0.392
0.44	117	**117**	2.10×10^5	1.015	1406	1.82×10^8	0.383
0.46	128	**128**	2.01×10^5	1.038	1377	1.71×10^8	0.376
0.48	140	**140**	1.93×10^5	1.061	1351	1.61×10^8	0.369
0.5	152	**152**	1.85×10^5	1.083	1326	1.51×10^8	0.362

注：表中黑体部分数字为减震系数小于 0.5 及隔震层高度小于 0.5m 的每米长隔震层钢筋根数。

每米长隔震层计算参数

（上部结构恒载 5t、钢筋 HRB400、直径 8mm 时不同隔震层高度计算对比表）　　表 4-3-3

隔震层高度 H(m)	满足稳定要求隔震层最小钢筋数量 n(根)	隔震层实际所需最少钢筋数量 n(根)	隔震层刚度 K_h(N/m)	隔震结构体系自振周期 T_1(s)	隔震结构基底剪力 F'_{Ek}(N)	钢筋最大应力 σ_{max}(N/m^2)	减震系数 β
0.1	5	12	5.79×10^6	0.194	3665	4.62×10^8	1.000
0.12	5	14	3.91×10^6	0.236	3665	4.70×10^8	1.000
0.14	5	16	2.81×10^6	0.278	3665	4.77×10^8	1.000
0.16	5	20	2.36×10^6	0.303	3665	4.33×10^8	1.000
0.18	7	20	1.65×10^6	0.362	3554	4.71×10^8	0.970
0.2	8	20	1.21×10^6	0.424	3083	4.55×10^8	0.841
0.22	10	18	8.15×10^5	0.516	2585	4.68×10^8	0.705
0.24	12	18	6.28×10^5	0.588	2299	4.54×10^8	0.627
0.26	13	16	4.39×10^5	0.703	1957	4.73×10^8	0.534
0.28	15	**15**	3.40×10^5	0.798	1745	4.70×10^8	0.476
0.3	18	**18**	3.16×10^5	0.828	1688	4.25×10^8	0.461
0.32	20	**20**	2.95×10^5	0.857	1637	3.87×10^8	0.447
0.34	23	**23**	2.77×10^5	0.884	1591	3.55×10^8	0.434
0.36	25	**25**	2.61×10^5	0.911	1549	3.27×10^8	0.423
0.38	28	**28**	2.47×10^5	0.937	1511	3.02×10^8	0.412
0.4	31	**31**	2.34×10^5	0.962	1475	2.80×10^8	0.402
0.42	34	**34**	2.23×10^5	0.987	1442	2.61×10^8	0.393
0.44	38	**38**	2.12×10^5	1.011	1411	2.44×10^8	0.385
0.46	41	**41**	2.03×10^5	1.034	1383	2.29×10^8	0.377
0.48	45	**45**	1.94×10^5	1.057	1356	2.15×10^8	0.370
0.5	48	**48**	1.86×10^5	1.079	1331	2.03×10^8	0.363

注：表中黑体部分数字为减震系数小于 0.5 及隔震层高度小于 0.5m 的每米长隔震层钢筋根数。

每米长隔震层计算参数

（上部结构恒载 5t、钢筋 HRB400、直径 10mm 时不同隔震层高度计算对比表） **表 4-3-4**

隔震层高度 H(m)	满足稳定要求隔震层最小钢筋数量 n(根)	隔震层实际所需最少钢筋数量 n(根)	隔震层刚度 K_h(N/m)	隔震结构体系自振周期 T_1(s)	隔震结构基底剪力 F'_{Ek}(N)	钢筋最大应力 σ_{max}(N/m^2)	减震系数 β
0.1	3	6	7.07×10^6	0.175	3665	4.79×10^8	1.000
0.12	3	8	5.45×10^6	0.199	3665	4.26×10^8	1.000
0.14	3	10	4.29×10^6	0.225	3665	3.94×10^8	1.000
0.16	3	10	2.87×10^6	0.275	3665	4.48×10^8	1.000
0.18	3	12	2.42×10^6	0.299	3665	4.18×10^8	1.000
0.2	4	12	1.77×10^6	0.350	3661	4.62×10^3	0.999
0.22	4	12	1.33×10^6	0.404	3219	4.47×10^8	0.878
0.24	5	12	1.02×10^6	0.461	2862	4.34×10^8	0.781
0.26	6	10	6.70×10^5	0.569	2367	4.69×10^8	0.646
0.28	7	10	5.36×10^5	0.636	2141	4.58×10^8	0.584
0.3	8	10	4.36×10^5	0.705	1951	4.47×10^8	0.532
0.32	9	10	3.59×10^5	0.777	1788	4.38×10^8	0.488
0.34	10	**10**	2.86×10^5	0.871	1614	4.40×10^8	0.440
0.36	11	**11**	2.69×10^5	0.898	1569	4.06×10^8	0.428
0.38	12	**12**	2.53×10^5	0.925	1528	3.76×10^8	0.417
0.4	13	**13**	2.40×10^5	0.951	1490	3.49×10^8	0.407
0.42	14	**14**	2.27×10^5	0.977	1456	3.26×10^8	0.397
0.44	16	**16**	2.16×10^5	1.001	1423	3.05×10^8	0.388
0.46	17	**17**	2.06×10^5	1.025	1394	2.86×10^8	0.380
0.48	19	**19**	1.97×10^5	1.048	1366	2.69×10^8	0.373
0.5	20	**20**	1.89×10^5	1.071	1340	2.53×10^8	0.365

注：表中黑体部分数字为减震系数小于 0.5 及隔震层高度小于 0.5m 的每米长隔震层钢筋根数。

每米长隔震层计算参数

（上部结构恒载 5t、钢筋 HRB400、直径 12mm 时不同隔震层高度计算对比表） **表 4-3-5**

隔震层高度 H(m)	满足稳定要求隔震层最小钢筋数量 n(根)	隔震层实际所需最少钢筋数量 n(根)	隔震层刚度 K_h(N/m)	隔震结构体系自振周期 T_1(s)	隔震结构基底剪力 F'_{Ek}(N)	钢筋最大应力 σ_{max}(N/m²)	减震系数 β
0.1	2	4	9.77×10^6	0.149	3665	4.22×10^8	1.000
0.12	2	6	8.48×10^6	0.160	3665	3.33×10^8	1.000
0.14	2	6	5.34×10^6	0.202	3665	3.84×10^8	1.000
0.16	2	6	3.58×10^6	0.246	3665	4.36×10^8	1.000
0.18	2	8	3.35×10^6	0.254	3665	3.66×10^8	1.000
0.2	2	8	2.44×10^6	0.298	3665	4.04×10^8	1.000
0.22	2	8	1.83×10^6	0.344	3665	4.43×10^8	1.000
0.24	3	8	1.41×10^6	0.392	3311	4.37×10^8	0.903
0.26	3	8	1.11×10^6	0.442	2972	4.25×10^8	0.811
0.28	3	8	8.90×10^5	0.494	2689	4.15×10^8	0.734
0.3	4	6	5.43×10^5	0.632	2153	4.78×10^8	0.587
0.32	4	6	4.47×10^5	0.697	1973	4.68×10^8	0.538
0.34	5	6	3.73×10^5	0.763	1818	4.58×10^8	0.496
0.36	5	6	3.14×10^5	0.831	1683	4.50×10^8	0.459
0.38	6	**6**	2.65×10^5	0.905	1559	4.44×10^8	0.425
0.4	7	**7**	2.50×10^5	0.932	1518	4.13×10^8	0.414
0.42	7	**7**	2.36×10^5	0.959	1480	3.86×10^8	0.404
0.44	8	**8**	2.24×10^5	0.984	1445	3.62×10^8	0.394
0.46	8	**8**	2.13×10^5	1.009	1413	3.40×10^8	0.386
0.48	9	**9**	2.03×10^5	1.033	1383	3.20×10^8	0.377
0.5	10	**10**	1.94×10^5	1.057	1356	3.02×10^8	0.370

注：表中黑体部分数字为减震系数小于 0.5 及隔震层高度小于 0.5m 的每米长隔震层钢筋根数。

筋即可满足地震作用时钢筋强度要求的隔震层最小高度。从以上各表中可以看出，当钢筋直径选用 4mm 时，按正常使用状态稳定要求配置钢筋即可满足减震系数小于 0.5 时钢筋强度要求的隔震层最小高度为 0.26m，每米长隔震层钢筋 207 根；当钢筋直径选用 6mm 时，按正常使用状态稳定要求配置钢筋即可满足减震系数小于 0.5 时钢筋强度要求的隔震层最小高度为 0.26m，每米长隔震层钢筋 41 根；当钢筋直径选用 8mm 时，按正常使用状态稳定要求配置钢筋即可满足减震系数小于 0.5 时钢筋强度要求的隔震层最小高度为 0.28m，每米长隔震层钢筋 15 根；当钢筋直径选用 10mm 时，按正常使用状态稳定要求配置钢筋即可满足减震系数小于 0.5 时钢筋强度要求的隔震层最小高度为 0.34m，每米长隔震层钢筋 10 根；当钢筋直径选用 12mm 时，按正常使用状态稳定要求配置钢筋即可满足减震系数小于 0.5 时钢筋强度要求的隔震层最小高度为 0.38m，每米隔震层钢筋 6 根。

当按正常使用状态稳定要求配置钢筋即可满足地震作用时，减震系数与钢筋直径无关。

图 4-3-2～图 4-3-4 给出了不同的隔震层高度与隔震层水平刚度、隔震层水平减震系数和隔震层所需最少钢筋根数的关系图。

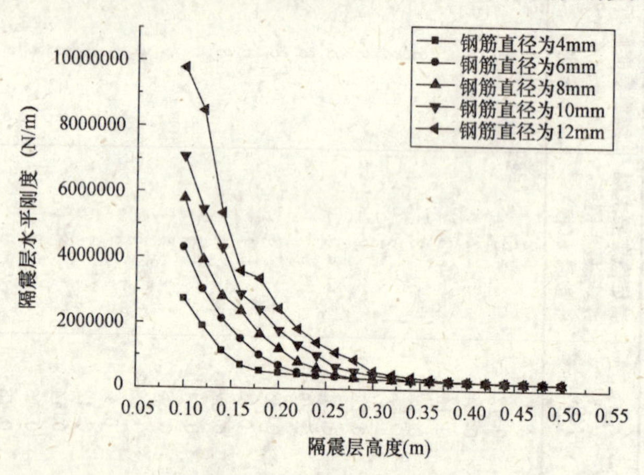

图 4-3-2　隔震层水平刚度与隔震层高度关系

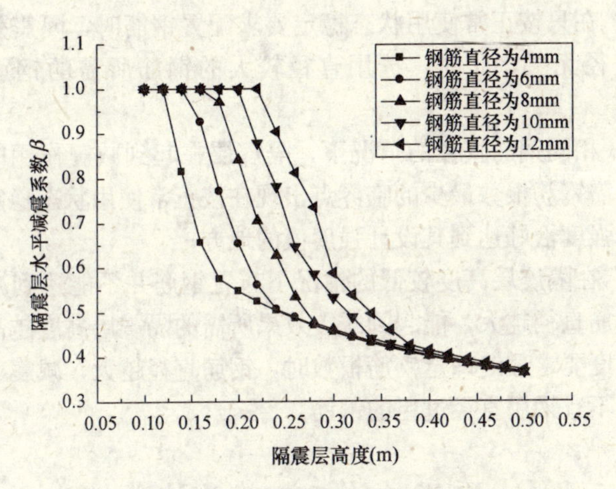

图 4-3-3 隔震层水平减震系数与隔震层高度关系

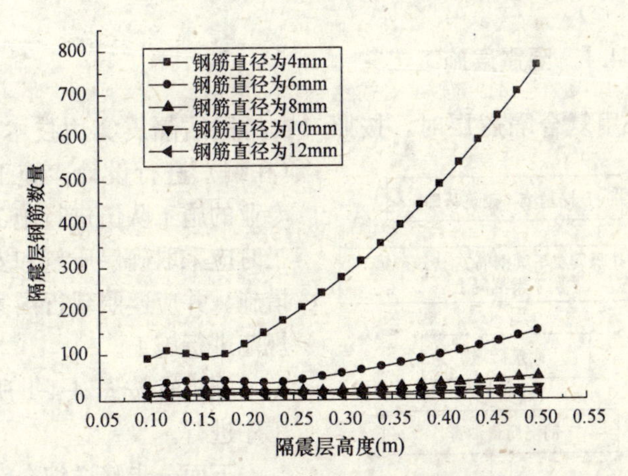

图 4-3-4 隔震层所需最少钢筋根数与隔震层高度关系

从以上各图表可以看出：

1）随隔震层高度在0.1～0.5m之间的增加，隔震层的水平刚度越低，隔震效果越好；

2）在相同的隔震层高度，并最终按地震作用时钢筋强度来确定钢筋根数时，隔震层钢筋直径越小，隔震效果越好；

3）在只按正常使用状态稳定要求配置钢筋时，隔震效果与钢筋直径无关，此时，选用直径较大的钢筋所需的钢筋根数较少；

4）相同钢筋直径的情况下，隔震层在起到减震作用时，隔震层所需钢筋根数最少的临界点出现在按正常使用状态稳定要求时钢筋强度恰好达到其设计强度值的地方；

5）在隔震层高度较低的情况下布置钢筋并不能达到减震效果，钢筋直径越大，能起到减震效果所需的隔震层高度越高，且在按强度要求最终确定钢筋根数时，钢筋直径越大，减震效果越差，故不宜采用直径过粗的钢筋。

4.4 隔震层施工工艺及构造措施

4.4.1 隔震层施工工艺

采用复合隔震层时，按照《农村民居隔震实用技术规程》（在编）进行设计，施工应由专业的施工队伍进行施工。施工时应采取确保质量和安全的措施。并应遵照现行国家相关规范进行施工。

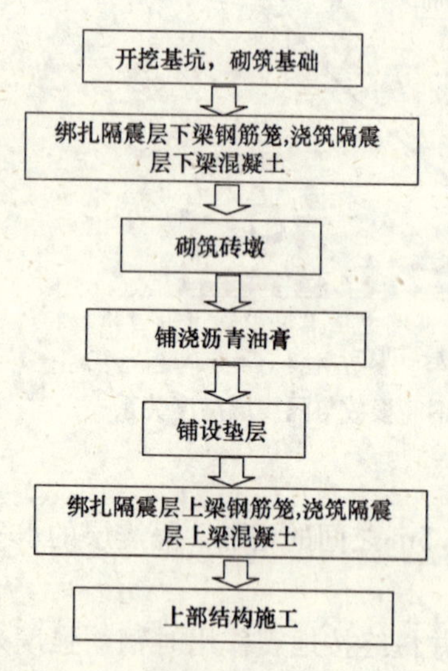

图 4-4-1 隔震层施工工序示意图

施工宜按图 4-4-1 所示的工序进行。

下面分步骤详细介绍每道施工工序。

（1）开挖基坑，砌筑基础

按国家相关规范的规定，开挖基坑，并砌筑设计好的条形基础至隔震层底部标高。

（2）绑扎隔震层下梁钢筋

笼，浇筑隔震层下梁混凝土。

按照设计和构造要求绑扎好隔震层下梁的钢筋笼，在绑扎隔震层下梁钢筋笼的同时，预埋隔震层纵向受力钢筋。注意预埋的隔震层纵向受力钢筋要求尽量竖直，支模板、浇筑隔震层下梁混凝土。

(3) 砌筑砖墩

隔震层下梁混凝土浇筑完成72h后，在底梁之上，隔震层纵向受力钢筋沿条基长度方向的间隔中，砌筑若干个砖墩。需要说明的是，砖墩的总竖向承载力必须满足能够承受上部结构的重力荷载1.2倍的要求，如不满足，则需要提高砖与砂浆的强度等级或者采用混凝土垫块来代替砖墩。

(4) 铺浇沥青油膏

在设置好的砖墩两侧支模板，并在其空隙间倒入沥青油膏形成柔性防水填充层。将沥青油膏浇倒入砖墩间空隙时，应振捣使其密实。浇至砖墩上表面之上1cm后，抹平。该沥青油膏应具有夏天不流淌，冬天不干硬的特性，因而需要加入添加剂，具体制作方式在本书4.1.3节介绍。

(5) 铺设垫层

在铺浇好的沥青油膏凝固后，在其上设置一层垫层，该垫层起到浇筑隔震层上梁混凝土时作为其底部模板的作用。考虑到模板拆卸不便的问题，该垫层可采用防水油毡，穿过隔震层纵向受力钢筋，直接铺放在沥青之上，在隔震层上梁浇筑好之后无需拆除。

(6) 绑扎隔震层上梁钢筋笼，浇筑隔震层上梁混凝土

按照设计和构造要求绑扎好隔震层上梁的钢筋笼，隔震层纵向受力钢筋上端伸入隔震层上梁钢筋笼之内，并预埋上部构造钢筋(ϕ10@200)，以便与楼板相连，并支模板浇筑隔震层上梁混凝土。

(7) 上部结构施工

隔震层上梁达到一定强度之后，可进行上部结构的施工，在隔震层上梁上砌筑墙体及浇筑（放置）楼板等。现浇式楼板与装配整

体式楼板构造示意图分别如图 4-4-2、图 4-4-3 所示。其中装配整体式楼板可采用空心预制板上铺钢筋网并抹复合砂浆薄层的方式。

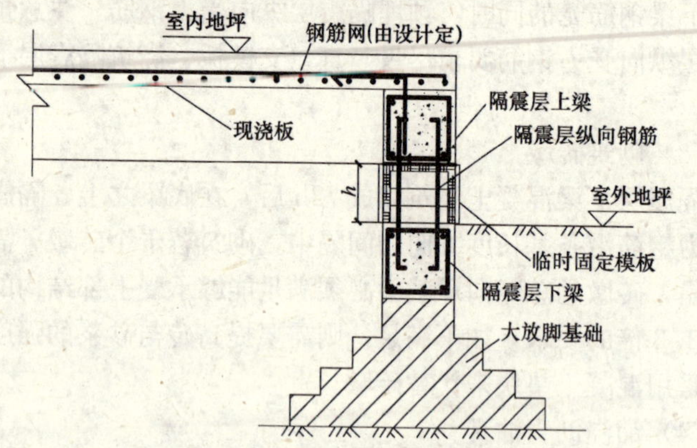

注：临时固定模板防止沥青油膏受照射老化

图 4-4-2　现浇式楼板构造示意图

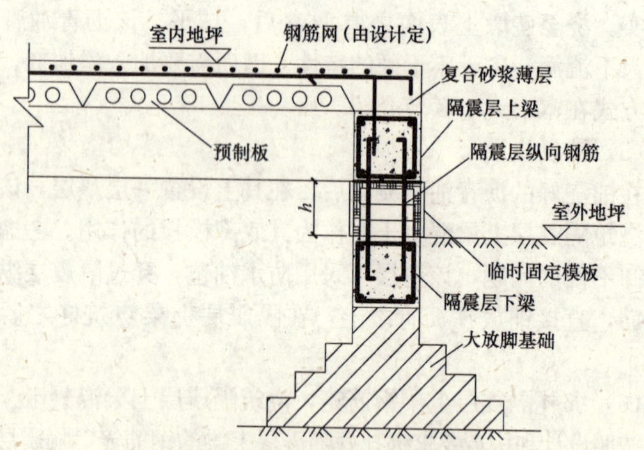

注：临时固定模板防止沥青油膏受照射老化

图 4-4-3　装配整体式楼板构造示意图

4.4.2　隔震层构造措施

（1）隔震层纵向受力钢筋的构造措施应符合下列规定

1）隔震层钢筋直径不应小于 6mm，也不应大于 10mm。

2）隔震层钢筋的位置和长度应符合设计规定，其锚入隔震层上梁和下梁的长度不得小于 $22d$ 且端部应带 90°弯钩，弯钩的弯后平直部分长度不应小于钢筋直径的 3 倍。

3）隔震层钢筋加工的形状、尺寸应符合设计要求，其偏差应符合表 4-4-1 的规定。

钢筋加工的允许偏差　　　　表 4-4-1

项　目	允许偏差(mm)
受力钢筋顺长度方向全长的净尺寸	±10
弯起钢筋的弯折位置	±20
箍筋内净尺寸	±5

4）钢筋安装位置的偏差应符合表 4-4-2 的规定。

钢筋安装位置的允许偏差　　　　表 4-4-2

<table>
<tr><th colspan="3">项　目</th><th>允许偏差(mm)</th></tr>
<tr><td rowspan="2">绑扎钢筋网</td><td colspan="2">长、宽</td><td>±10</td></tr>
<tr><td colspan="2">网眼尺寸</td><td>±20</td></tr>
<tr><td rowspan="2">绑扎钢筋骨架</td><td colspan="2">长</td><td>±10</td></tr>
<tr><td colspan="2">宽、高</td><td>±5</td></tr>
<tr><td rowspan="5">受力钢筋</td><td colspan="2">间距</td><td>±10</td></tr>
<tr><td colspan="2">排距</td><td>±5</td></tr>
<tr><td rowspan="3">保护层厚度</td><td>基础</td><td>±10</td></tr>
<tr><td>柱、梁</td><td>±5</td></tr>
<tr><td>板、墙、壳</td><td>±3</td></tr>
<tr><td colspan="3">绑扎钢筋、横向钢筋间距</td><td>±20</td></tr>
<tr><td colspan="3">钢筋弯起点位置</td><td>20</td></tr>
<tr><td rowspan="2">预埋件</td><td colspan="2">中心线位置</td><td>5</td></tr>
<tr><td colspan="2">水平高差</td><td>+3,0</td></tr>
</table>

（2）垫块的构造措施应符合下列规定

1）采用砖砌体作为垫块时，砖强度不应低于 MU10，砂浆强度不应低于 M10（水泥砂浆）。

2）采用其他材料作为垫块时，其抗压强度应按设计确定。

3）垫块与隔震层钢筋不应接触，应间隔 50mm 以上距离。

（3）隔震层上梁、隔震层下梁与隔震层顶部楼盖的构造措施应符合下列规定

1）隔震层上梁和下梁截面高度不小于 200mm，钢筋应不小于 4ϕ12 通长布置，箍筋应不小于 ϕ8@200。

2）隔震层顶部楼盖应符合下列要求：

① 应采用现浇或装配整体式混凝土板。现浇板厚度不宜小于 100mm；配筋现浇面层厚度不应小于 50mm。

② 隔震层顶部梁板的刚度和承载力，宜大于一般楼面梁板的刚度和承载力。

（4）节点构造要求

在隔震层的十字形、T 形与 L 形节点处，应在节点中心设置垫块。以 L 形节点为例说明，如图 4-4-4 所示。

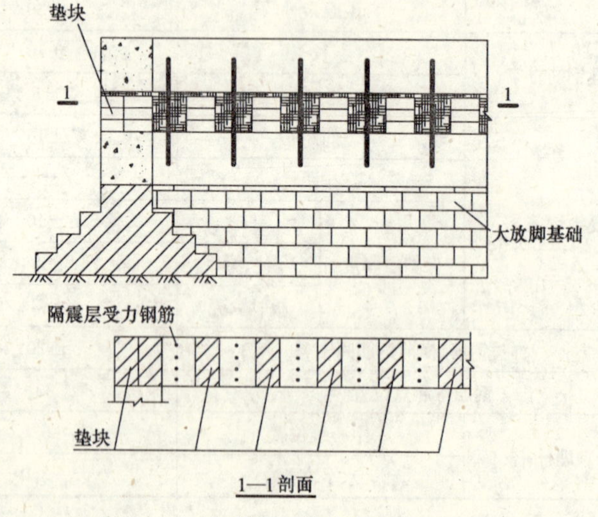

图 4-4-4　隔震层 L 形节点构造示意图

4.4.3 隔震层钢筋选用

根据大量的试验研究和理论分析，隔震层高度在200～300mm较为合适。隔震层竖向钢筋直径不宜太大，在10mm以下比较合适。为了方便设计施工，将已有计算结果整理成表格，减震系数为0.4～0.7之间，以供查找。

（1）设防烈度为7度时的隔震层钢筋选用

对于设防烈度为7度的地区，可按表4-4-3和表4-4-4进行

7度地区钢筋根数选用表　　表4-4-3

钢筋直径(mm)	隔震层高度 *h* (m)	上部结构质量(t/m)(沿条形基础长度)										
		2.0	2.5	3.0	3.5	4.0	4.5	5.0	5.5	6.0	6.5	7.0
6	0.19	14	18	22	25	28	32	36	40	42	46	50
	0.25	15	19	23	26	30	34	38	42	45	49	53
	0.31	23	29	35	41	46	52	58	64	70	75	81
8	0.19	—	—	—	—	—	—	—	—	—	—	—
	0.25	8	8	10	12	14	16	16	18	20	22	24
	0.31	7	9	11	13	15	17	18	20	22	24	26

按表4-4-3钢筋根数选用时的减震系数　　表4-4-4

钢筋直径(mm)	隔震层高度 *h* (m)	上部结构质量(t/m)(沿条形基础长度)										
		2.0	2.5	3.0	3.5	4.0	4.5	5.0	5.5	6.0	6.5	7.0
6	0.19	0.691	0.7	0.706	0.697	0.691	0.696	0.7	0.703	0.691	0.694	0.697
	0.25	0.494	0.494	0.494	0.494	0.494	0.494	0.494	0.494	0.494	0.494	0.494
	0.31	0.448	0.448	0.448	0.448	0.448	0.448	0.448	0.448	0.448	0.448	0.448
8	0.19	—	—	—	—	—	—	—	—	—	—	—
	0.25	0.622	0.563	0.573	0.581	0.586	0.59	0.563	0.569	0.573	0.577	0.581
	0.31	0.448	0.448	0.448	0.448	0.448	0.448	0.448	0.448	0.448	0.448	0.448

注：按以上表格选取钢筋时，要求场地条件较好，地基土类型为中硬土，场地特征周期为0.35s及以下。

隔震层钢筋根数的选取。隔震层高度可分别选用 0.19m（三皮砖高）、0.25m（四皮砖高）、0.31m（五皮砖高）；隔震层钢筋直径分别选用 6mm、8mm，隔震层钢筋采用热轧钢筋 HRB400，其抗压强度设计值 $f'_y=360N/mm^2$；上部结构质量为上部结构沿隔震层上梁长度方向每米的恒载标准值（表格中已按恒载的 1/5 考虑了活载）。

（2）设防烈度为 8 度的隔震层钢筋选用

对于设防烈度为 8 度的地区，可按表 4-4-5 和表 4-4-6 进行隔震层钢筋根数的选取。隔震层高度可分别选用 0.19m（三皮砖高）、0.25m（四皮砖高）、0.31m（五皮砖高）；隔震层钢筋直

8 度地区钢筋根数选用表　　表 4-4-5

钢筋直径(mm)	隔震层高度 h (m)	上部结构质量(t/m)(沿条形基础长度)										
		2.0	2.5	3.0	3.5	4.0	4.5	5.0	5.5	6.0	6.5	7.0
6	0.19	—	—	—	—	—	—	—	—	—	—	—
	0.25	32	40	48	56	64	72	80	88	96	104	112
	0.31	28	36	42	50	56	64	70	76	84	90	98
8	0.19	—	—	—	—	—	—	—	—	—	—	—
	0.25	—	—	—	—	—	—	—	—	—	—	—
	0.31	16	20	24	28	32	36	40	44	48	52	56

按表 4-4-5 钢筋根数选用时的减震系数　　表 4-4-6

钢筋直径(mm)	隔震层高度 h (m)	上部结构质量(t/m)(沿条形基础长度)										
		2.0	2.5	3.0	3.5	4.0	4.5	5.0	5.5	6.0	6.5	7.0
6	0.19	—	—	—	—	—	—	—	—	—	—	—
	0.25	0.692	0.692	0.692	0.692	0.692	0.692	0.692	0.692	0.692	0.692	0.692
	0.31	0.487	0.494	0.487	0.492	0.487	0.491	0.487	0.485	0.487	0.485	0.487
8	0.19	—	—	—	—	—	—	—	—	—	—	—
	0.25	—	—	—	—	—	—	—	—	—	—	—
	0.31	0.636	0.636	0.636	0.636	0.636	0.636	0.636	0.636	0.636	0.636	0.636

注：按以上表格选取钢筋时，要求场地条件较好，地基土类型为中硬土，场地特征周期为 0.35s 及以下。

径分别选用 6mm、8mm，隔震层钢筋采用螺旋肋消除应力钢丝，其抗压强度设计值 $f'_{py}=410\text{N/mm}^2$；上部结构质量为上部结构沿隔震层上梁长度方向每米的恒载标准值（表格中已按恒载的 1/5 考虑了活载）。

（3）表格使用说明

对于使用隔震层的民居建筑，其地基应具备良好的承载能力和抗震能力，场地条件较好，地基土类型为中硬土、坚硬土或岩石，其场地特征周期应为 0.35s 及以下。

在按表 4-4-3～表 4-4-6 选用隔震层钢筋时，应先估算隔震层每米的恒载标准值并假定一减震系数，根据假定的减震系数确定隔震层高度和选用的钢筋直径，再查表确定所需要的钢筋根数。

在按上述表格确定隔震层钢筋根数后，上部结构构造措施应符合 4.5.2 节的相关要求。

4.4.4 新建建筑上部结构构造措施

值得注意的是，由于采用钢筋-沥青隔震层后，地震能量只是被减小或不放大，而并不是消除建筑物的地震反应，未消除的部分其地震反应仍对建筑物产生影响。故在结构设计时，仍应采取相应的构造措施来减小剩余地震作用的影响。

《建筑抗震设计规范》（GB 50011—2001）对设置隔震层的砌体结构有以下要求：

（1）上部结构与周边其他的建筑物应保持一定距离，以保证地震来临时不相互碰撞，距离不宜小于 250mm。

（2）当水平向减震系数不大于 0.50 时，丙类建筑的多层砌体结构房屋的层数、总高度和高宽比限值可按《建筑抗震设计规范》（GB 50011—2001）第 7.1 节中降低 1 度的有关规定确定。

（3）多层烧结普通黏土砖和烧结多孔黏土砖房屋的钢筋混凝土构造柱设置，水平向减震系数不小于 0.75 时，仍应符合《建筑抗震设计规范》（GB 50011—2001）表 7.3.1 的规定。7、8、9 度水平向减震系数不大于 0.5 时，应符合表 L.2.3-1 的规定，水平向减震系数不大于 0.25 时，可按《建筑抗震设计规范》（GB 50011—2001）表 7.3.1 降低 1 度的有关规定。

（4）混凝土小型空心砌块房屋芯柱的设置，水平向减震系数不小于 0.75 时，仍应符合《建筑抗震设计规范》（GB 50011—2001）表 7.4.1 的规定。7、8、9 度水平向减震系数不大于 0.5 时，应符合表 L.2.3-2 的规定，水平向减震系数不大于 0.25 时，可符合《建筑抗震设计规范》（GB 50011—2001）表 7.4.1 降低 1 度的有关规定。

（5）上部结构的其他抗震构造措施当水平向减震系数不小于 0.75 时，仍应根据抗震设防烈度按《建筑抗震设计规范》（GB 50011—2001）第 7 章的相应规定采用。当设防烈度为 7、8、9 度，水平向减震系数不大于 0.5 时，可按《建筑抗震设计规范》（GB 50011—2001）第 7 章降低 1 度的规定；当水平向减震系数不大于 0.25 时可按《建筑抗震设计规范》（GB 50011—2001）第 7 章降低 2 度且不低于 6 度的有关规定。

对于农村民居砌体结构房屋，上部结构可设置复合砂浆钢筋网薄层窄条带圈梁构造柱和剪刀撑，以满足抗震构造要求。大量的试验研究表明，用复合砂浆钢筋网薄层窄条带与砖砌体结构一道形成的圈梁、构造柱和剪刀撑（图 4-4-5），可以大大加强农村

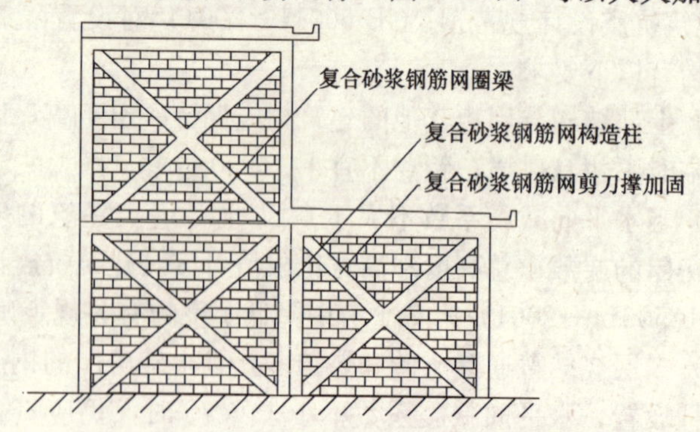

图 4-4-5 复合砂浆钢筋网薄层窄条带砖砌体剪刀撑、构造柱、圈梁抗震加固体系

砌体结构民居建筑的抗震、抗剪强度，而且取材方便、造价低廉、施工简便。

当隔震层上部结构主要为砖砌体结构时，采用隔震层以后上部结构仍处于5度及5度以上的地震作用下，对上部结构应该采用前面提出的复合砂浆钢筋网薄层加固的方法设置圈梁和构造柱，其具体的构造措施如表4-4-7所示。

新建建筑复合砂浆钢筋网薄层窄条带构造措施　表4-4-7

设防烈度	基本地震地面水平运动加速度值	是否设置隔震层	复合砂浆钢筋网薄层窄条带构造措施		
			圈梁	构造柱	剪刀撑
5	0.025g	否	单面 HPFL	单面 HPFL	
6	0.05g	否	单面 HPFL	单面 HPFL	
7	0.10g	是	单面 HPFL	单面 HPFL	
7.5	0.15g	是	单面 HPFL	单面 HPFL	
8	0.20g	是	双面 HPFL	单面 HPFL	
8.5	0.30g	是	单面 HPFL	双面 HPFL	
9.0	0.40g	是	双面 HPFL	双面 HPFL	
9.5	0.60g	是	双面 HPFL	双面 HPFL	单面 HPFL
>10	>0.80g	是	双面 HPFL	双面 HPFL	双面 HPFL

注：复合砂浆钢筋网薄层窄条带中的纵向钢筋：当基本地震加速度低于0.20g时，纵向钢筋为3ϕ4；当基本地震加速度不小于0.20g时，纵向钢筋为4ϕ4。

复合砂浆钢筋网薄层窄条带设置圈梁、构造柱详图参见本书第3.3节图3-3-2和图3-3-3，其构造措施和施工工艺参见本书第3.5节HPFL加固砌体结构构造措施及施工工艺相关内容。

对于设置有地下室的房屋结构，穿过隔震层的竖向管线应符合下列要求：直径较小的柔性管线在隔震层处应预留伸展长度，其值不应小于隔震层在罕遇地震作用下最大水平位移的1.2倍；直径较大的管道在隔震层处宜采用柔性材料或柔性接头(图4-4-6)，柔性软管长度宜大于200mm；若管道为给水管时，柔性软管应采用柔性压力水管。对于首层至地下室楼梯应在隔震层处断开，并在断开上下梁踏步间填充软沥青，其具体做法如图4-4-7所示。

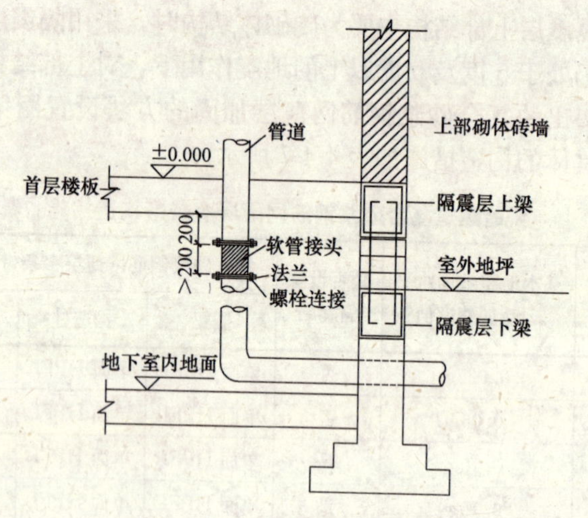

图 4-4-6　管道穿隔震层构造

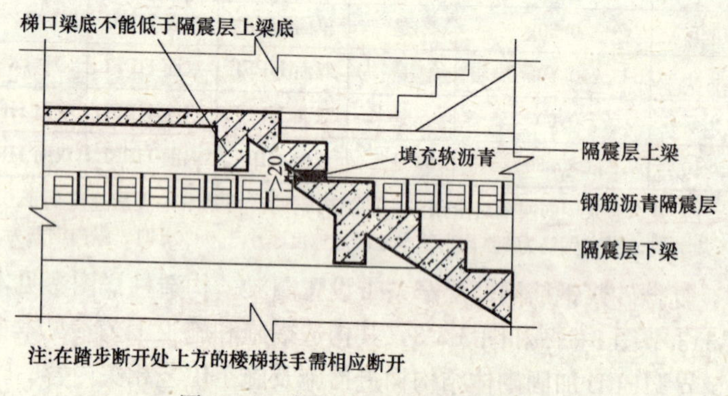

图 4-4-7　首层至地下室楼梯构造

4.5　算　　例

图 4-5-1 为一典型的农村民居建筑平面图，开间为一间堂屋、两间厢房及一个楼梯间。在结构底部圈梁与条形基础之间设

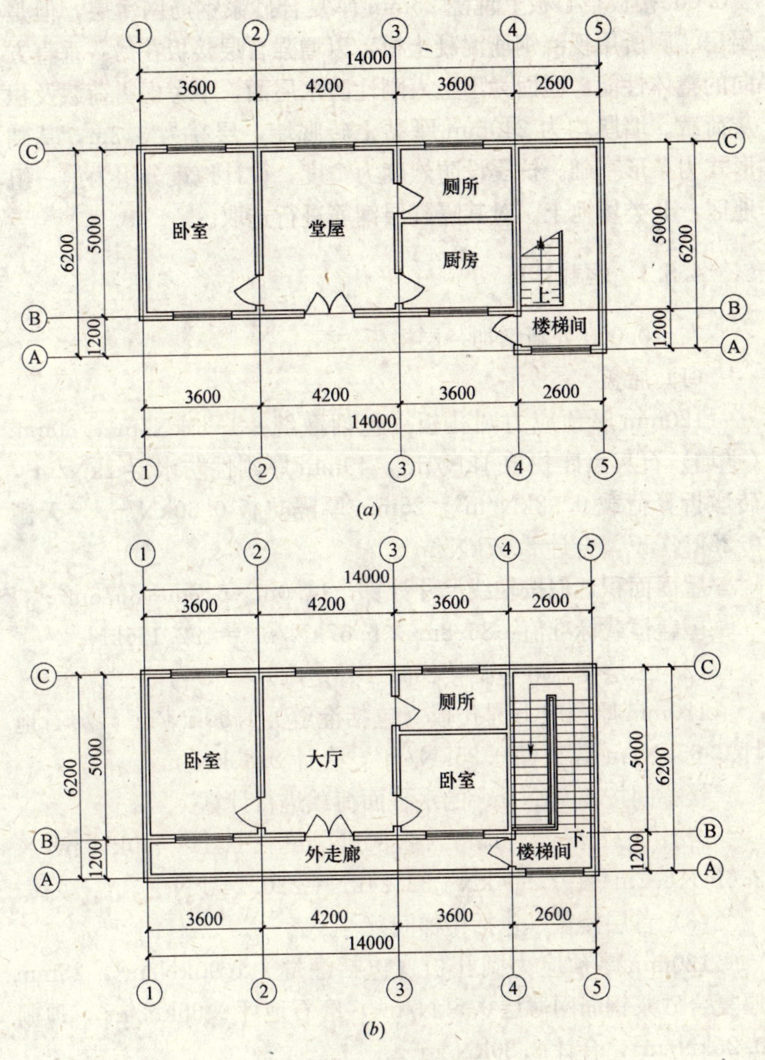

图 4-5-1 平面布置图

(a) 首层平面图；(b) 二层平面图

置钢筋—沥青隔震层。楼面采用预应力空心板，由于设置了隔震层，需要在±0.000 处新增加一层楼板（预制空心板），并在

±0.000楼板空心板上现浇 25mm 厚复合砂浆钢筋网薄层，但是厨房、厕所用现浇钢筋混凝土板，以增强首层楼板在另一垂直方向的整体性能。屋面为不上人刚性防水屋面，不考虑雪荷载及积灰荷载。墙厚均为 240mm 厚黏土砖眠墙，层高为 3.3m，基础形式为条形基础。抗震设防烈度为 7 度，设计地震分组为第一组地区，Ⅱ类场地土。对其隔震层钢筋进行选取。

4.5.1 恒载计算

在±0.000 处新增加一层楼板。

(1) 屋盖

120mm 厚预应力圆孔板（包括灌缝）1.90kN/m²，80mm（平均）石灰焦砟找坡 1kN/m²，40mm 厚刚性防水层 1kN/m²，砖墩折算荷载 0.92kN/m²，25mm 厚隔热板 0.60kN/m²，天棚 0.25kN/m²，合计 5.67kN/m²。

屋面面积近似按轴线尺寸计算，14.0m×6.2m=86.8m²；

屋盖恒载标准值：86.8m²×5.67kN/m²=492.156kN。

(2) 二层楼盖（包括楼梯间、外走廊）

120mm 厚预应力圆孔板（包括灌缝）1.90kN/m²，磨石地坪 0.65kN/m²，顶棚 0.25kN/m²，合计 2.80kN/m²。

楼梯间按 4.0kN/m² 的水平面荷载进行计算。

合计：11.4m × 6.2m × 2.80kN/m² + 0.5 × 4.0kN/m² × 2.6m×6.2m=197.904kN+32.24kN=230.144kN。

(3) 首层楼盖（包括楼梯间）

120mm 厚预应力圆孔板（包括灌缝）1.90kN/m²，25mm 厚复合砂浆钢筋网薄层 0.5kN/m²，磨石地坪 0.65kN/m²，顶棚 0.25kN/m²，合计 3.30kN/m²。

楼梯间按 4.0kN/m² 的水平面荷载进行计算。

合计：11.4m × 5.0m × 3.30kN/m² + 0.5 × 4.0kN/m² × 2.6m×6.2m=188.1kN+32.24kN=220.34kN。

(4) 楼层墙体

墙体总长：(5.0m－0.24m)×3＋11.4m×2＋(6.2m＋0.24m)×2＋(2.6m－0.24m)×2＝14.28m＋22.8m＋12.88mm＋4.72m＝54.68m。

墙体恒载标准值：54.68m×3.30m×2×5.24kN/m^2＝1891kN。

500mm 高女儿墙墙体恒载标准值：(5.0m＋6.2m＋14.0m＋1.2m)×0.50m×5.24kN/m^2＝69.168kN。

(5) 隔震层上圈梁

54.68m×0.24m×0.3m×25kN/m^3＝98.424kN。

(6) 总恒载标准值

总恒载标准值为：492.156kN＋230.144kN＋220.3kN＋1891kN＋69.168kN＋98.424kN＝3001.192kN。

(7) 每米隔震层所受竖向恒载标准值

每米隔震层所受竖向恒载标准值为：3001.192kN/54.68m＝54.886kN/m，即 5.5t/m。

4.5.2 钢筋选取

每米隔震层所受竖向荷载标准值为 5.5t/m，按荷载标准值为 5.5t/m 查表 4-4-3 和表 4-4-4（此处荷载不宜任意放大，太大容易选过多的竖向钢筋，对水平向减震效果不好）、隔震层高度为 310mm、隔震层竖向钢筋直径 8mm 进行选用，此时需要钢筋根数为 20 根/m，减震系数为 0.448。此时的钢筋布置如图 4-5-2 所示。

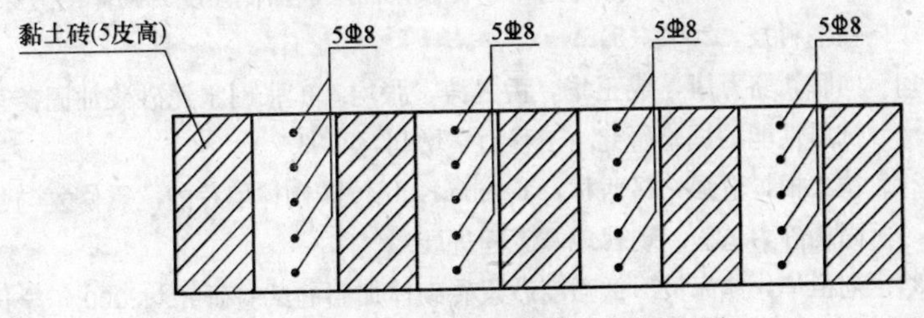

图 4-5-2　每米长隔震层钢筋布置平面图

参 考 文 献

[1] 张祥顺，谷倩，彭少. CFRP对砖墙抗震加固对比试验研究与计算分析. 世界地震工程，2003，19 (1).

[2] 张代涛，宋菊芳. 钢筋网水泥砂浆加固砖砌体房屋振动台试验研究. 工程抗震，1996 (3).

[3] 苏三庆，丰定国，王清敏. 用钢筋网水泥砂浆抹面加固砖墙的抗震性能试验研究. 西安建筑科技大学学报，1998，30 (3)：228-232.

[4] 廖娟，陈龙珠，田世民. 空斗墙采用钢板网片加固试验及应用. 建筑技术，2001，32 (6).

[5] 刘昌茂，冯卫，杨良荣. 空斗墙房屋抗震性能及加固的试验研究. 地震学刊，1990 (2).

[6] 李明，王志浩. 钢筋网水泥砂浆加固低强度砂浆砖砌体的试验研究. 建筑结构，2003，33 (10).

[7] 邵立平. 钢筋网水泥砂浆加固墙体的弯剪性能研究. 内蒙古科技与经济，2003 (1).

[8] 谈永奎. 砖墙体加固抗震性能的试验比较. 工业建筑，2001，31 (7).

[9] 蔡勇，余志武. 高性能砂浆-钢丝（筋）网加固砖砌体抗压强度试验研究. 铁道科学与工程学报，2007，4 (5).

[10] 应潇斐，刘祖华，熊海贝. 水泥砂浆面层加固低强度砖砌体的效果. 住宅科技，2002 (5).

[11] 向晖，骆万康，成正华，孟凡涛，张均. 扩张网水泥砂浆加固砖房抗震性能的试验研究. 工程力学增刊，2003.

[12] 翁大根，贺强，吕西林，Tetsuo Kubo. 砖砌体墙片的抗震修复与加固伪静力试验. 现代地震工程进展.

[13] 刘祖华，熊海贝. 低强度砂浆砖砌体加固的试验研究. 2000年全国砌体结构学术会议论文集现代砌体结构，2000.

[14] 程红强，高丹盈，张启明. 老混凝土表面粗糙度的一种简单测定法.

郑州大学学报，2006，27（1）：24-26.
[15] 赵志方，赵国藩．采用高压水射法处理新老混凝土粘结面的试验．大连理工大学学报，1999，39（4）：559-561.
[16] 赵志方，周厚贵，袁群等．新老混凝土粘结机理研究与工程应用．北京：中国水利水电出版社，2003.
[17] 足立一郎．《用喷砂（丸）法处理新旧混凝土粘结面的研究》．千叶：千叶工业大学，1985.
[18] 于跃海．分形及分数维理论在新老混凝土粘结机理研究中的应用[D]．大连：大连理工大学，1998.
[19] 梁坦，王永维等．GB 50367—2006 混凝土结构加固设计规范 [S]．北京：中国建筑工业出版社，2006.
[20] 尚守平，龙凌霄，曾令宏．销钉在钢筋网水泥复合砂浆加固混凝土构件中的性能研究．建筑结构，2006，36（3）：10-12.
[21] 罗利波，尚守平．复合砂浆钢筋网加固混凝土梁抗剪计算模型探讨．科学技术与工程，2006，6（6）：788-790.
[22] Shouping Shang，Patrick X. W. Zou，Hui Peng，and Haidong Wang. Avoiding de-bonding in FRP strengthened RC beams using prestressing techniques. Proceedings of the International Symposiumon Bond Behaviour of FRP in Structures，2005：329-335.
[23] 曾令宏，尚守平等．复合砂浆钢筋（丝）网加固 RC 梁受弯研究．湖南大学学报，自然科学版，2007，34（5）：6-9.
[24] 陈忻，尚守平．CMMR 加固混凝土受弯构件试验研究及工程应用．中外建筑，2007，7：69-72.
[25] 彭小芹．高强无机锚固材料的实验研究．2007，29（2）：113-115.
[26] 鄢飞．无机植筋胶研究进展．福建建筑，2008：13-15.
[27] 郭晓飞．植筋锚固系统有限元分析．四川水力发电，2004，23（3）：56-57，60.
[28] 楼正文，谢建民，章旭江．关于工程植筋技术的相关参数探讨．建筑施工，2005，23（7）：64-66.
[29] 贾丽明，齐宝库，闫玉红．钢筋混凝土结构植筋锚固性能探讨与分析．工程施工技术，2007：95-98.
[30] 李明顺，徐有邻等．GB 50010—2002 混凝土结构设计规范 [S]．北京：中国建筑工业出版社，2002.

[31] 高伟. HPF加固混凝土结构界面粘结性能与施工技术研究：[湖南大学硕士论文]. 长沙：湖南大学土木工程学院，2007，16.
[32] 何玲等. 村镇木结构房屋震害及抗震技术措施，工程抗震与加固改造.
[33] 谷军明等. 云南地区穿斗木结构抗震研究，工程抗震与加固改造.
[34] 周锡元，韩淼，马东辉等. 叠层钢板橡胶垫的稳定性分析与强度验算 [J]. 建筑科学，1997，22 (6)：13-19.
[35] 夏志斌，潘有昌. 结构稳定理论. 上海：高等教育出版社，1998.
[36] 杨武. 一种新型的钢制隔震器的研究：[武汉大学硕士学位论文]. 武汉：武汉大学，2004.
[37] 赵成文. 有侧移框架二阶效应的弹性分析. 沈阳建筑大学学报（自然科学版），2007，23 (1)：61-64.
[38] 窦远明. 砂垫层隔震性能的试验研究. 建筑结构学报，2005，26 (1)：125-128.
[39] 杨绍林等. 新编混凝土配合比实用手册. 北京：中国建筑工业出版社，2002.
[40] 尚守平. 高性能水泥复合砂浆钢筋网加固混凝土结构设计与施工指南. 北京：中国建筑工业出版社，2008.
[41] 中国工程建设标准化协会标准. 水泥复合砂浆钢筋网加固混凝土结构技术规程 CECS 242：2008. 北京：中国计划出版社，2008.